C YUYAN CHENGXU
SHEJI JICHU
PEITAO LIANXI

C语言程序设计基础配套练习

（第二版）

中等职业教育计算机专业系列教材编委会

■ 主　编　黄文胜

■ 副主编　廖冬梅

■ 编　者　张琴　黄文胜　廖冬梅

ZHONGDENG ZHIYE JIAOYU
JISUANJI ZHUANYE XILIE JIAOCAI

重庆大学出版社

图书在版编目（CIP）数据

C语言程序设计基础配套练习 / 黄文胜主编. —2版.
--重庆：重庆大学出版社，2017.2（2025.1重印）
ISBN 978-7-5689-0391-2

Ⅰ.①C… Ⅱ.①黄… Ⅲ.①C语言—程序设计—中等
专业学校—习题集 Ⅳ.①TP312.8-44

中国版本图书馆CIP数据核字（2017）第012541号

C语言程序设计基础配套练习
（第二版）

主　编　黄文胜
副主编　廖冬梅
责任编辑：陈一柳　　版式设计：陈一柳
责任校对：姜　凤　　责任印制：赵　晟

*

重庆大学出版社出版发行
出版人：陈晓阳
社址：重庆市沙坪坝区大学城西路21号
邮编：401331
电话：（023）88617190　88617185（中小学）
传真：（023）88617186　88617166
网址：http://www.cqup.com.cn
邮箱：fxk@cqup.com.cn（营销中心）
全国新华书店经销
重庆升光电力印务有限公司印刷

*

开本：787mm×1092mm　1/16　印张：9.5　字数：234千
2014年10月第1版　2017年2月第2版　2025年1月第19次印刷
印数：100 001　110 000
ISBN 978-7-5689-0391-2　定价：29.00元

进入21世纪，随着计算机科学技术的普及和发展加快，社会各行业的建设和发展对计算机技术的要求越来越高，计算机已成为各行各业不可缺少的基本工具之一。在今天，计算机技术的使用和发展，对计算机技术人才的培养提出了更高的要求，培养能够适应现代化建设需求的、能掌握计算机技术的高素质技能型人才，已成为职业教育人才培养的重要内容。

按照"以就业为导向"的办学方向，根据中华人民共和国教育部中等职业教育人才培养的目标要求，结合社会行业对计算机技术操作型人才的需要，我们在调查、总结前些年计算机应用型专业人才培养的基础上，重新对计算机专业的课程设置进行了调整，进一步突出专业教学内容的针对性和实效性，重视对学生计算机基础知识的教学和对计算机技术操作能力的培养，使培养出来的人才能真正满足社会行业的需要。为进一步提高教学的质量，我们专门组织了有丰富教学经验的教师和有实践经验的行业专家，重新编写了这套中等职业学校计算机专业教材。

本套教材编写采用了新的教育思想、教学观念，遵循的编写原则是"拓宽基础、突出实用、注重发展"。为满足学生对计算机技术学习的需求，力求使教材突出以下几个主要特点：一是体现以学生为本，针对目前职业学校学生学习的实际情况，按照学生对专业知识和技能学习的要求，教材在编写中注意了语言表述的通俗性，以任务驱动的方式组织教材内容，以服务学生为宗旨，突出学生对知识和技能学习的主体性；二是强调教材的互动性，根据学生对知识接受的过程特点，重视对学生探究能力的培养，教材编写采用了以活动为主线的方式进行，把学与教有机结合，增加学生的学习兴趣，让学生在教师的帮助下，通过对活动的学习而掌握计算机技术的知识和操作的能力；三是重视教材的"精、用、新"，根据各行各业对计算机技术使用的需要，在教材内容的选择上，做到"精选、实用、新颖"，特别注意反映计算机的新知识、新技术、新水平、新趋势的发展，使所学的计算机知识和技能与行业需要相结合；四是编写的体例和栏目设置新颖，易受到中职学生的喜爱。这套教材实用性和操作性较强，能满足中等职业学校计算机专业人才培养目标的要求，也能满足学生对计算机专业技术学习的不同需要。

为了便于组织教学，我们将根据计算机专业技术发展的要求和教学的实际需要，研究开发出与教材配套的有关教学资源材料供大家参考和使用，进一步提高教学的实效性。希望重新推出的这套教材能受到广大师生喜欢，为职业学校计算机专业的发展作出贡献。

中等职业学校计算机专业教材编写组

2015年7月

C YUYAN CHENGXU
SHEJI JICHU

XUYAN

序言

本书是以重庆市中等职业学校计算机类专业的基础课程《C语言程序设计基础》的课程标准为准绳，以重庆大学出版社出版的《C语言程序设计基础教程》一书为基础，在重庆市中等职业技术教育信息技术类专业教学指导委员会专家指导下编写的配套练习手册。作者团队成员或参与《C语言程序设计基础教程》教材的编写，或是多年执教中职C语言程序设计基础课程的教师，他们具有丰富的C语言运用和教学经验，为本书内容质量提供了有力的保障。

本书提供了每个模块的针对练习，每个单元的诊断检测和全书内容的综合练习与目标检测，并设计了多种题型，如填空题、选择题、判断题、程序填空题、阅读程序题、编程题、按要求写表达式等，以期通过多维度对知识点进行强化练习来达到巩固学习成效的目的。每个单元前罗列了本单元的学习目标，有利于学习者合理安排时间和努力方向。本书以掌握C语言的基础知识和提高编程应用能力为目标，无偏、难、怪题，不纠缠于知识点的理论阐释，而着重于知识点的实际应用。使用者需注意，由于C语言有多种版本的编译器，同样的代码经不同编译器编译后程序的执行结果或存在差异，本书中所有程序及代码的结果都是在C-Free下运行的结果。

本书由重庆市商务学校黄文胜担任主编，黄文胜编写本书中第一、三单元的相关练习与检测题和全书的综合练习题与目标检测题，廖冬梅编写第二、六单元的练习与检测题，张琴编写第四、五单元的练习与检测题。囿于编者水平和教学经验，以及排版中出现失误，书中恐有错漏出现，在此先致歉意，并真诚地请把信息反馈给我们，以改进我们的工作，联系电子邮箱为：hungws@21cn.com。

编　者

2016年8月

C YUYAN CHENGXU
SHEJI JICHU

QIANYAN

前言

C YUYAN CHENGXU SHEJI JICHU
PEITAO LIANXI

MULU

目　录

C语言基础

知识内容概述

本单元主要描述了用C语言实现程序设计的基础知识，包括C语言源程序的基本组成结构，上机执行C程序的方法和步骤；在程序表达数据，数据处理方法和相关的规则；如何在程序中输入输出数据以及算法的表示。这些内容是实现程序编写的基础。

教学目标

知识要点	了　解	理　解	掌　握	运　用
源程序结构	√			
C语言程序的组成元素			√	
上机执行C程序方法			√	√
数据的概念及分类		√		
书写各类常量			√	
变量的概念与使用		√	√	√
表达式及表达式的值	√			
计算表达式的值			√	√
给变量赋值		√	√	√
计算自增自减表达式			√	√
比较数的大小		√	√	
执行逻辑运算		√	√	√
计算逗号表达式	√			
输入数据		√	√	√
输出数据		√	√	√
C语言语句的种类与作用	√			
算法及表示方法	√			
算法的流程图表示			√	
基本流程结构		√		
结构化程序设计方法	√			

[模块练习　模块一]

C语言程序的结构

一、填空题

1.源程序是指＿＿＿＿＿＿＿＿＿＿＿＿＿程序代码，它必须经过＿＿＿＿＿＿＿＿＿＿或＿＿＿＿＿＿＿＿＿＿转变成用＿＿＿＿＿＿＿＿＿表示的＿＿＿＿＿＿＿＿才能在计算机上运行。

2.C语言规定了一套在程序设计时可以使用的基本符号，它们是＿＿＿＿＿＿、＿＿＿＿＿＿、＿＿＿＿＿＿。

3.标识符是指用来标识＿＿＿＿＿＿＿、＿＿＿＿＿＿＿＿、＿＿＿＿＿＿、＿＿＿＿＿＿＿＿等程序对象名称的有效＿＿＿＿＿＿＿。

4.C语言的标识符只能由＿＿＿＿＿＿、＿＿＿＿＿＿＿和＿＿＿＿＿＿组成，且第一字符必须是＿＿＿＿＿＿＿或＿＿＿＿＿＿。

5.C语言中对一些标识符规定了专门的用途，如int，if，while，case等，它们（能、不能）＿＿＿＿＿＿用作用户标识符，这些标识符被称为＿＿＿＿＿＿。

6.C语言源程序是由＿＿＿＿＿＿＿组成的，人们称C语言为＿＿＿＿＿＿＿的程序设计语言。其中必须包含一个且只有一个名为＿＿＿＿＿的函数，被称为＿＿＿＿＿。

7.一个函数由＿＿＿＿＿＿和＿＿＿＿＿两部分组成。

8.在计算机上运行C程序经过＿＿＿＿＿、＿＿＿＿＿、＿＿＿＿＿、＿＿＿＿4个步骤。

9.C语言的注释除用以提高程序的阅读性外，还可以用于＿＿＿＿＿＿。

10.在C-Free中，按＿＿＿＿键编译源程序，按＿＿＿＿键直接运行程序。

二、判断题

1.C语言源程序中的一个程序行就是一个语句。　　　　　　　　　　　（　　　）

2./*...*/标注的注释将降低程序的执行效率。　　　　　　　　　　　（　　　）

3.C语言程序中的标识符是程序对象的名字。　　　　　　　　　　　（　　　）

4.运行C语言程序时，总是从程序的第一行语句开始执行。　　　　　　（　　　）

5.C语言中要区分字母的大小写。　　　　　　　　　　　　　　　　　（　　　）

6.标识符不可以使用大写字母。　　　　　　　　　　　　　　　　　（　　　）

7.编译后的C语言程序就可以执行了。　　　　　　　　　　　　（　　　）

8.在C-Free中，按F11开始调试程序。　　　　　　　　　　　（　　　）

9.命名标识符时，首字符不能是数字。　　　　　　　　　　　　（　　　）

10.C语言中不能使用汉字。　　　　　　　　　　　　　　　　（　　　）

三、选择题

1.下面可作为标识符首字符的是（　　　）。

　　A.总　　　　　　　　B.X　　　　　　　　C.8　　　　　　　　D.#

2.在C-Free中把源程序从编译、连接和运行顺次连续执行的快捷键是（　　　）。

　　A.F9　　　　　　　　B.F5　　　　　　　　C.F11　　　　　　　D.F10

3.下面合法的用户标识符是（　　　）。

　　A.Long　　　　　　　B.长度　　　　　　　C.100m　　　　　　D.for

4.下面关于C语言叙述正确的是（　　　）。

　　A.C语言源程序中有且只有一个main函数

　　B.C源程序中每一行可以写多个语句，它们之间用冒号分隔

　　C.一个C语句以句号结束

　　D.C语言程序执行完源程序中的最后一个语句后结束

5.C语言源程序编译后生成的目标文件扩展名是（　　　）。

　　A.C　　　　　　　　B.obj　　　　　　　　C.exe　　　　　　　D.lib

[模块练习　模块二]

NO.2

C语言程序的基本数据对象

一、填空题

1.定义值为2012的符号常量VER的命令是_____。

2.变量包含两个方面的内容是_____和_____。一个变量对应计算机的_____，在C语言中使用变量必须遵守_____原则，定义变量的格式为_____。

3.C语言提供的常用基本数据类型有_____、_____、_____。

4.整型数据类型包括_____、_____、_____3种。

5.实型常量的十进制小数形式要求小数点两边_____，而指数形式中E的前边必须有_____，E的后边的数必须为_____。

6.字符常量是用_____括起来的_____个字符。在C语言中一些不能直接输入的字符采用_____来表示，它是以_____字符开头的字符序列，换行符表示为_____。

7.字符串常量是用_____括起来的_____，字符串的末尾有一个表示字符串终结的字符_____，称之为_____。

8.变量名是变量对应内存单元的_____，变量名在程序中代表_____。

9.基本整型数在内存中占_____字节的存储空间，可表示的整数范围是_____。

10."="读作_____，其作用是_____。

二、判断题

1.在C语言中所有字符都可以表示成转义字符的形式。　　　　　　　　　（　　　）

2.类型void表示不是C语言支持的任何数据类型。　　　　　　　　　　（　　　）

3.C语言中的字符采用ASCII编码，可表示128个字符。   (　　)

4.数据30000比30占用更多的存储空间。   (　　)

5.在C语言中32768是长整型数。   (　　)

6.在程序中使用控制字符和非显字符只能以转义字符形式书写。 (　　)

7.'\112'是错误的字符表示。   (　　)

8.变量所分配的内存空间取决于其存储的数据大小。   (　　)

9.未经过初始化的变量中没有存储数据。   (　　)

10.定义变量主要就是声明变量的数据类型，以便内存分配。 (　　)

三、选择题

1.下面正确的整型常量是（　　　）。

 A.009   B.x789   C.2e3   D.900

2.下面不正确的实型常量是（　　　）。

 A.12.50   B..625   C.345.   D.2.5e3.8

3.下面合法的标识符是（　　　）。

 A.__123   B.int   C.6pin   D.xrc-1

4.将字符g赋值给字符变量ch，正确的表达式是（　　　）。

 A.ch="g"   B.ch=71   C.ch='\0147'   D.ch='\147'

5.下面对变量的定义正确的是（　　　）。

 A.int x, y   B.fk: float;   C.char ch;   D.double int;

6.若计算s=10!, 则变量s的数据类型应定义为（　　　）。

 A.int   B.long   C.float   D.double

7.给变量x赋初值正确的是（　　　）。

 A.x=10   B.10=x   C.x==10   D.10==x

8.下面定义符号常量PI正确的是（　　　）。

 A.#define PI=3.14 B.#define PI=3.14; C.#define PI 3.14 D.#define PI 3.14;

四、定义并初始化变量

1.定义3个长整型变量lp, lq, lh。

2.定义2个双精度实型变量dx, dy，并为dx设置初值为0.000000351。

3.定义一个字符变量cc，设其初值为换行符。

[模块练习　模块三]

数据运算和表达式

一、填空题

1.运算符是用于表示＿＿＿＿＿＿＿＿＿＿＿＿的符号或符号的组合。

2.运算符两侧操作数的数据类型必须＿＿＿＿＿＿＿。

3.运算符：+, %, *, =, --，按优先级由高到低的顺序排列为＿＿＿＿＿＿＿＿＿＿＿。

4.表达式5/2和表达式（double）5/2的值分别是＿＿＿＿＿＿＿、＿＿＿＿＿＿＿。

5.＿＿＿＿＿＿＿＿可以调节表达式中运算符运算的优先级。

6.有变量double x=1.9;，则执行表达式x+0.1后，变量x的值是＿＿＿＿＿＿＿＿。变量值的改变遵守＿＿＿＿＿＿＿＿＿＿＿＿＿＿＿＿原则。

7.表达式++x与x++执行后，相同的是＿＿＿＿＿＿＿＿，不同的是＿＿＿＿＿＿＿。

8.按优先级由高到低的顺序写出常用的运算符为＿＿＿＿＿＿＿＿＿＿＿＿＿＿＿。

9.表达式是指＿＿＿＿＿＿＿＿＿＿＿＿＿＿＿＿＿＿＿＿的式子，在进行不同类型的数据运算时，首先必须把它们的数据类型转换成＿＿＿＿＿＿＿＿＿＿＿才进行运算。C语言提供了＿＿＿＿＿＿＿＿和＿＿＿＿＿＿＿＿两种数据类型转换方式。

10.赋值运算符的左边必须是＿＿＿＿＿＿，赋值表达式的值是＿＿＿＿＿＿＿＿。逗号表达式是由＿＿＿＿＿＿＿分隔的多个子表达式组成，其值是＿＿＿＿＿＿＿＿＿＿＿。

11.关系表达式的运算结果是＿＿＿＿＿＿类型的值，以＿＿＿＿表示真，以＿＿＿表示假。C语言中还规定＿＿＿＿＿＿＿为值，＿＿＿＿＿＿＿＿值为假。

12.int x=10;，则x<=10的值是＿＿＿＿＿＿＿＿＿＿＿＿＿＿＿＿。

二、判断题

1.运算符%的操作数只能是整数。　　　　　　　　　　　　（　　　）

2.字符与整数之间不能进行运算。　　　　　　　　　　　　（　　　）

3.进行强制数据类型转换时，不会改变被转换数据的类型。　（　　　）

4.字符和整数相加减的结果是另一个字符。　　　　　　　　（　　　）

5.C语言中任何类型的数据都可以参加逻辑运算。　　　　　（　　　）

6.不能给变量赋值不同类型的数据。　　　　　　　　　　　（　　　）

7.逗号表达式的值是所有子表达式的值之和。　　　　　　　（　　　）

8.赋值运算符*=的优先级高于+=。　　　　　　　　　　　（　　　）

9.表达式x++的值与x--的值相同。　　　　　　　　　　　（　　　）

10.表达式m=n=9是把9分别赋值给变量m和n。　　　　　（　　　）

三、选择题

1.以下符合C语言语法的赋值表达式是（　　　　）。

  A.a=9+b+c=d+9　　　　　　　　B.a=（9+b，c=d+9）

  C.a=9+b，b++，c+9　　　　　　D.a=9+b++=c+9

2.若有代数式 $\dfrac{3ab}{cd}$，则不正确的C语言表达式是（　　　）。

  A.a/c/d*b*3　　　B.3*a*b/c/d　　　C.3*a*b/c*d　　　D.a*b/d/c*3

3.已知各变量的类型说明如下，则以下符合C语言语法的表达式是（　　　）。

int m=8, n, a, b;

unsigned long w=10;

double x=3.14, y=0.12;

  A.a+=a-=（b=2）*（a=8）　　　　B.n=n*3=18

C.x%3   D.y=float（m）

4.已知字母A的ASCII码为十进制数65，且S为字符型，则执行语句S='A'+'6'–'3';后，S中的值为（   ）。

A.'D'   B.68   C.不确定的值   D.'C'

5.在C语言中，要求运算数必须是整型的运算符是（   ）。

A./   B.++   C.*=   D.%

6.若有说明语句：char s='\72';则变量s（   ）。

A.包含一个字符   B.包含两个字符

C.包含三个字符   D.说明不合法，s的值不确定

7.若有定义：int m=7；float x=2.5，y=4.7;，则表达式x+m%3*（int）（x+y）%2/4的值是（   ）。

A.2.500000   B.2.750000   C.3.500000   D.0.000000

8.设变量x为float类型，m为int类型，则以下能实现将x中的数值保留小数点后两位，第三位进行四舍五入运算的表达式是（   ）。

A.x=（x*100+0.5）/100.0   B.m=x*100+0.5，x=m/100.0

C.x=x*100+0.5/100.0   D.x=（x/100+0.5）*100.0

9.表达式13/3*sqrt（16.0）/8的数据类型是（   ）。

A.int   B.float   C.double   D.不确定

10.设以下变量均为int类型，则值不等于7的表达式是（   ）。

A.（m=n=6，m+n，m+1）   B.（m=n=6，m+n，n+1）

C.（m=6，m+1，n=6，m+n）   D.（m=6，m+1，n=m，n+1）

11.假设所有变量均为整型，则表达式（x=2，y=5，y++，x+y）的值是（   ）。

A.7   B.8   C.6   D.2

12.已知s是字符型变量，下面不正确的赋值语句是（   ）。

A.s='\012';   B.s='u+v';   C.s='1'+'2';   D.s=1+2;

13.已知s是字符型变量，下面正确的赋值语句是（   ）。

A.s='abc';   B.s='\08';   C.s='\xde';   D.s='\';

14.若有以下定义，则正确的赋值语句是（   ）。

int x，y；

float z；

A.x=1，y=2，   B.x=y=100   C.x++;   D.x=（int）z;

15.设x，y均为float型变量，则不正确的赋值语句是（   ）。

A.++x;   B.x*=y-2;   C.y=（x%3）/10;   D.x=y=0;

16.下列语句中符合C语言的赋值语句是（   ）。

A.a=7+b+c=a+7;   B.a=7+b++=a+7;   C.a=7+b，b++，a+7   D.a=7+b，c=a+7;

四、按要求写表达式

1.y=$\dfrac{a（x-b）}{b-c}$+6x

2.y=3x^2–7x+5

3.$y=\dfrac{a+b}{cd}$

4.$y=\dfrac{1}{2}\left(ax+\dfrac{a+x}{4a}\right)$

5.x的绝对值大于36

6.alp是字母

7.year是闰年

8.cc是空白字符

9.m是个位数是7的能被3整除的整数

10.n不是奇数

五、计算表达式的值

1.int a=23，b=6；表达式a-a/b*b+a%b

2.int m=6；表达式m+=m*=m-2

3.int x=9，y；表达式y=x--+1

4.int a，b；a=b=1，a++，b-=10，a+b

5.char ch='A'；表达式ch+=32

6.char c1，c2；表达式c1='9'，c2='0'，c1-c2

7.float x；表达式x=7/2

8.int m=19，n=5；float y=17.99；表达式m/n+（int）（y/2+0.5）

[模块练习　模块四]

NO.4

在程序中输入输出数据

一、填空题

1.在C语言中基本的输入设备是_____，输出设备是_____。

2.scanf（ ）的参数由_____和_____两个部分构成。第一部分是由_____组成的字符串，用于把输入的字符序列转换成需要类型的数据；第二部分是由_____组成的输入列表。

3.连续输入多个数值型数据时，数据之间用_____分隔。

4.格式转换说明符的作用是_____，如%d的作用是_____。

5.变量pn的地址是_____，_____、_____不能进行地址运算。

6.格式转换说明符要与输入地址列表中的变量_____。

7.scanf（ ）格式控制字符串中的普通字符需要_____，printf（ ）格式控制字符串中的普通字符会_____。

8.为了在程序使用输入/输出函数，需要在源程序开始处写上_____预处理命令。

9.printf（）输出实数时默认保留_____位小数，不足位时用_____补全，超过则_____。

10.要正确输出长整型数，对应的格式转换说明符应是_____。

二、判断题

1.不论是输入什么类型的数据，其最初形式都是一个字符序列。　　　（　　）

2.连续输入多个字符数据时，默认用空格分隔。　　　（　　）

3.scanf（）函数中格式控制字符串中的普通字符可起提示作用。　　　（　　）

4.getchar（）函数是字符专用输入函数，格式为getchar（字符变量）。　　　（　　）

5.格式转换说明符在遇到不能识别的字符时，停止数据转换。　　　（　　）

6.%d可以对应字符变量，输出的是字符的ASCII码。　　　（　　）

7.字符数据在输出时，要去掉定界符。　　　（　　）

8.printf（）输出数据后自动换行。　　　（　　）

9.建议不要在scanf（）的格式控制串中使用普通字符。　　　（　　）

10.putchar（"A"）的功能是输出字符A。　　　（　　）

三、选择题

1.putchar函数可以向终端输出一个（　　　）。

　　A.整型变量表达式值　　B.字符串　　　　C.实型变量值　　　　D.字符或字符型变量值

2.以下程序段的输出结果是（　　　）。

int a=12345；printf（"%2d\ n"，a）；

　　A.12　　　　　　　　B.34　　　　　　　C.12345　　　　　D.提示出错、无结果

3.若x和y均定义为int 型，z定义为double型，以下不合法的scanf（）函数调用语句为（　　　）。

　　A.scanf（"%d%lx，%le"，&x，&y，&z）；　　B.scanf（"%2d*%d%lf "，&x，&y，&z）；

　　C.scanf（"%x%*d%o"，&x，&y）；　　　　D.scanf（"%x%o%6.2f"，&x，&y，&z）；

4.有如下程序段：

int　x1，x2；

char　y1，y2；

scanf（"%d%c%d%c"，&x1，&y1，&x2，&y2）；

若要求x1，x2，y1，y2的值分别为10，20，A，B，正确的数据输入是（　　　）。

　　A.10A␣20B　　　　　B.10␣A20B　　　　C.10␣A␣20␣B　　D.10A20␣B

5.若变量已正确说明为float类型，要通过语句scanf（"%f %f %f "，&a，&b，&c）；给a赋予10.0，b赋予22.0，c赋予33.0，不正确的输入形式为（　　　）。

A.10<回车>　　　　　　　　　　　B.10.0, 22.0, 33.0<回车>

22<回车>

33

C.10.0<回车>　　　　　　　　　　D.10　22<回车>

22.0　33.0<回车>　　　　　　　　　　33<回车>

6.有如下程序，若要求x1，x2，y1，y2的值分别为10，20，A，B，正确的数据输入是（　　　）。

int　x1，x2；

char　y1，y2；

scanf（"%d%d"，&x1，&x2）；

scanf（"%c%c"，&y1，&y2）；

　A.1020AB　　　　　　B.10␣20␣ABC　　C.10␣20<回车>　　D.10␣20AB

　　　　　　　　　　　　　　　　　AB

7.已有定义int a=-2；和输出语句：printf（"%8lx"，a）；，以下正确的叙述是（　　　）。

　A.整型变量的输出格式符只有%d一种

　B.%x是格式符的一种，它可以适用于任何一种类型的数据

　C.%x是格式符

　D.%8lx不是错误的格式符，其中数字8规定了输出字段的宽度

8.有如下程序段，对应正确的数据输入是（　　　）。

float　x，y；

scanf（"%f%f"，&x，&y）；

printf（"a=%f，b=%f"，x，y）；

　A.2.04<回车>　　　　　　　　　　B.2.04，5.67<回车>

　　5.67<回车>

　C.A=2.04，B=5.67<回车>　　　　　D.2.055.67<回车>

9.有如下程序段，从键盘输入数据的正确形式应是（　　　）。

int　x，y，z；

scanf（"x=%d，y=%d，z=%d"，&a，&y，&z）；

　A.123　　　　　　　　　　　　　B.x=1，y=2，z=3

　C.1，2，3　　　　　　　　　　　D.x=1␣y=2␣z=3

10.以下说法正确的是（　　　）。

　A.输入项可以为一个实型常量，如scanf（"%f"，3.5）；

　B.只有格式控制，没有输入项，也能进行正确输入，如scanf（"a=%d，b=%5d"）；

　C.当输入一个实型数据时，格式控制部分应规定小数点后的位数，如scanf("%4.2f"，&f)；

　D.当输入数据时，必须指明变量的地址，如scanf（"%f"，&f）；

11.根据定义和数据的输入方式，输入语句的正确形式为（　　　）。

已有定义：float x, y;

数据的输入方式：1.23<回车>

                4.5<回车>

  A.scan（"%f, %f", &x, &y）;   B.scanf（"%f%f", &x, &y）;

  C.scanf（"%3.2f␣%2.1f", &x, &y）;   D.scanf（"%3.2f%2.1f", &x, &y）;

12.根据下面的程序及数据的输入和输出形式，程序中输入语句的正确形式应该为（   ）。

```
#include "stdio.h"
main（）
{ char s1, s2, s3;
  输入语句;
  printf（"%c%c%c", s1, s2, s3）;
}
```

输入形式：A␣B␣C<回车>

输出形式：A␣B

  A.scanf（"%c%c%c", &s1, &s2, &s3）;

  B.scanf（"%c␣%␣c%c", &s1, &s2, &s3）;

  C.scanf（"%c, %c, %c", &s1, &s2, &s3）;

  D.scanf（"%c%c", &s1, &s2, &s3）;

13.以下程序的执行结果是（   ）。

```
#include "stdio.h"
main（）
{ int x=2, y=3;
  printf（"x=%%d, y=%%d\n", x, y）;
}
```

  A.x=%2, y=%3   B.x=%%d, y=%%d   C.x=2, y=3   D.x=%d, y=%d

14.以下程序的输出结果是（   ）。

```
#include "stdio.h"
main（）
{ printf（"\nstring1=%15s*", "programming"）;
  printf（"\nstring2=%-5s*", "boy"）;
  printf（"string3=%2s*", "girl"）;
}
```

  A.string1=programming␣␣␣␣*   B.string1=␣␣␣␣programming*

    string2=boy*   string2=boy␣␣*string3=gi*

    string3=gi*

  C.string1=programming␣␣␣␣␣*   D.string1=␣␣␣␣programming*

    string2=␣␣boy*string3=girl*   string2=boy␣␣*string3=girl*

15.根据题目中已给出的数据的输入和输出形式，程序中输入输出语句的正确内容是（　　　）。

```
#include "stdio.h"
main ( )
{   int a;
    float b;
    输入语句
    输出语句
}
```

输入形式：1 ⊔ 2.3<回车>

输出形式：a+b=3.300

A.scanf（"%d%f", &a, &b）;　　　　　B.scanf（"%d%3.1f", &a, &b）;

　printf（"\na+b=%5.3f", a+b）;　　　　printf（"\na+b=%f", a+b）;

C.scanf（"%d, %f", &a, &b）;　　　　D.scanf（"%d%f", &a, &b）;

　printf（"\na+b=%5.3f", a+b）;　　　　printf（"\na+b=%f", a+b）;

16.阅读以下程序，当输入数据的形式为：12，34，正确的输出结果为（　　　）。

```
#include "stdio.h"
main ( )
{   int a, b;
    scanf（"%d%d", &a, &b）;
    printf（"a+b=%d\n", a+b）;
}
```

A.a+b=46　　　　　　B.有语法错误　　　　C.a+b=12　　　　　　D.不确定值

17.若有定义：int x, y; char s1, s2, s3; 并有以下输出数据：

　　　1 ⊔ 2<回车>

　　　U ⊔ V ⊔ W<回车>

则能给x赋给整数1，给y赋给整数2，给s1赋给字符U，给s2赋给字符V，给s3赋给字符W的正确程序段是（　　　）。

A.scanf（"x=%dy=%d", &x, &y）; s1=getchar（ ）; s2=getchar（ ）; s3=getchar（ ）;

B.scanf（"%d%d", &x, &y）; s1=getchar（ ）; s2=getchar（ ）; s3=getchar（ ）;

C.scanf（"%d%d%c%c%c", &x, &y, &s1, &s2, &s3）;

D.scanf（"%d%d%c%c%c%c%c%c", &x, &y, &s1, &s1, &s2, &s2, &s3, &s3）;

18.输入字符正确的语句是（　　　）。

A.scanf（"%c", ch）;　　　　　　　B.scanf（"%c", &ch）;

C.&ch=getchar（ ）;　　　　　　　D.getchar（ch）;

[模块练习 模块五]

算法的表示

一、填空题

1.在程序设计中，算法是指＿＿＿＿＿＿＿＿＿＿＿＿＿＿＿＿＿＿＿＿＿＿。

2.一个程序的两个基本要素是＿＿＿＿＿＿＿和＿＿＿＿＿＿＿＿＿。

3.在计算机上实现算法时，需要某种程序语言的＿＿＿＿＿＿来描述其操作步骤。

4.C语言中，说明语句的作用是＿＿＿＿＿＿＿＿＿或＿＿＿＿＿＿＿＿＿。

5.有效的表达式语句是执行后能＿＿＿＿＿＿＿＿＿＿＿＿。

6.块语句是用＿＿＿＿＿＿围起来的语句序列，从语法角度可视其为＿＿＿＿条语句。

7.控制命令与被语句一起被称为＿＿＿＿＿＿＿语句，它在程序中用于＿＿＿＿＿。

8.程序设计的初期一般用＿＿＿＿＿＿、＿＿＿＿＿＿、＿＿＿＿＿＿等工具来表示算法，其中＿＿＿＿＿＿表示具有直观、易于交流的特点。

9.结构化程序定义的基本程序结构包括＿＿＿＿＿、＿＿＿＿＿、＿＿＿＿＿。

10.流程图中矩形框用于表示＿＿＿＿＿＿＿，菱形框表示＿＿＿＿＿＿＿＿。

11.程序设计的基本流程是＿＿＿＿、＿＿＿＿＿＿、＿＿＿＿＿、＿＿＿＿＿。

12.模块化程序设计的思路是＿＿＿＿＿＿＿＿＿＿＿＿＿＿＿。在C语言中实现程序模块的工具是＿＿＿＿＿＿＿＿＿。

二、判断题

1.C语言源程序的基本单位是语句。 （ ）

2.{ }是空语句。 （ ）

3.语句3+10;是无效的表达式语句。 （ ）

4.分支结构有一个入口，两个出口。 （ ）

5.程序设计语言是常用的表示算法的工具。 （ ）

6.在C语言中，说明语句出现在源程序中的任何位置。 （ ）

7.绘制流程图时，变量的声明不用出现在图中。 （ ）

8.一个控制命令只能控制一条语句。 （ ）

9.所有的流程线都必须画上箭头执行流程方向。 （ ）

10.源程序代码是用程序语言描述算法的结果。 （ ）

三、选择题

1.下面无效的表达式语句是（ ）。

  A.x+1;   B.x+=1;   C.x++;   D.++x;

2.下面关于C语言的语句说法正确的是（ ）。

  A.空语句是指空的程序行   B.{}是空语句

  C.一个独立的分号;是空语句   D.没有分号的程序行称为空语句

3.在程序设计中,需要使用流程图的环节是(　　　)。

  A.分析问题　　　　B.确定算法　　　　C.编写代码　　　　D.调试程序

4.下面不宜用于直接表示算法的工具是(　　　)。

  A.自然语言　　　　B.伪代码　　　　C.流程图　　　　D.程序语言

5.下面的说明错误的是(　　　)。

  A.模块化程序设计的思想是把一个完整软件系统的功能分解成若干相对独立的功能子系统,而后分别实现,再重组成所要的目标软件系统

  B.C语言实现模块化程序设计的工具是源程序文件

  C.结构化程序设计是指任何复杂度的程序代码可以由少量简单的基本程序结构组成

  D.函数是C语言的基本程序结构

四、按要求画流程图

1.输入一个整数k,判断其奇偶性。

2.输入一个实型数,输出它的整数位数。

3.输入一串字符,统计并输出其中大写字母的个数。

4.输入两个整数m和n,输出它们及之间所有整数之和。

[单元综合练习]

NO.1

C语言基础综合练习1

一、填空题

1.计算机程序是指用程序设计语言描述的_____。

2.C语言源程序是由_____组成的,其中必须包含一个有且只有一个名为_____的函数,称为_____。

3.C语言提供的常用基本数据类型有_____。

4.变量包含_____和_____两个方面,变量必须_____才能使用。变量对应内存单元的多少由_____决定。

5.定义整型变量p, q, r,并为q, r赋初值49和0:_____。

6.定义实型变量wt和qt,并为wt赋初值8.91:_____。

7.定义字符变量hc, mc, lc:_____。

8.定义符号常量AY表示2012:_____。

9.int m=19, n=5, p; float y=17.3; ,表达式m/n+(p=(y/2+0.5))的值是_____。

10.有x=y=7,则计算表达式x=y++, ++x, y++后x的值为_____。

11.按优先级从高到低写出算术、赋值、自增自减及逗号运算符的优先级顺序:_____。

12.C语言的标识符只能由字母、数字和下画线3种字符组成，而且第一个字符必须为_____。

13.实型数有_____和_____两种表示形式。

14.关系运算的值实质上是_____型数据。

15.假设所有变量均为整型：a=b=5；i=++a；j=b++；，则i等于_____，j等于_____。

16.假设所有变量均为整型，则表达式（a=2，b=5，a++，b++，a+b）的值为_____。

17._____是C程序的基本单位。

18.C程序从_____开始执行。

19.C程序的语句是以_____结束。

20.C程序可以用_____将多条语句括起来，形成复合语句。

二、选择题

1.合法的用户标识符是（　　　）。

　　A._101_　　　　　　B.case　　　　　　C.wsv2.0　　　　　D.hk_|_9

2.下面数据中在内存占用空间最少的是（　　　）。

　　A.int x=32768;　　B.long y=1;　　　C.float vp=3.212E38　D."1234567"

3.下面定义符号常量正确的是（　　　）。

　　A.#define WD 200　B.#define WD 200;　C.#define WD, 200　D.#define WD, 200;

4.下面不正确的实型常量是（　　　）。

　　A.12.50　　　　　　B.2e3.5　　　　　　C.345.　　　　　　D..62

5.字符串"java程序"的结束符是（　　　）。

　　A.'\n'　　　　　　B.'序'　　　　　　C.'\0'　　　　　　D.'0'

6.下面正确的表达式是（　　　）。

int x；float y；char z；

　　A.x+y+z　　　　　B.y+0=x　　　　　　C.z=x%y　　　　　D.y++-=1

7.以下叙述中正确的是（　　　）。

　　A.C语言程序将从源程序中第一个函数开始执行

　　B.可以在程序中由用户指定任意一个函数作为主函数，程序将从此开始执行

　　C.C语言规定必须用main作为主函数名，main必须小写，程序将从此开始执行，在此结束

　　D.main可作为用户标识符，用以命名任意一个函数作为主函数

8.下列关于C语言用户标识符的叙述中正确的是（　　　）。

　　A.用户标识符中可以出现下画线和字母，可以和关键字同名

　　B.用户标识符中不可以出现中画线，但可以出现下画线

　　C.用户标识符中可以出现下画线，但不可以放在用户标识符的开头

　　D.用户标识符中可以出现下画线和数字，它们都可以放在用户标识符的开头

9.下面程序运行输出的结果是（　　　）。

#include "stdio.h"

main（）

{　char c1, c2;

```
    c1='A'+'8'-'4';
    c2='A'+'8'-'5';
    printf ("%c, %d\n", c1, c2);
}
```

 A.E, 68   B.D, 69   C.E, D   D.输出无定值

10.以下各组标识符中，合法的用户标识符是（　　　）。

 A.B01 table_1 0_t k%

 B.Fast_ void pbl book

 C.xy_ longdouble *p CHAR

 D.sj Int _xy w_y23

11.在C语言中，字符型数据在内存中的存放形式为（　　　）。

 A.原码   B.BCD码   C.反码   D.ASCII码

12.已知字符'A'的ASCII代码值是65，字符变量c1的值是'A'，c2的值是'D'。执行语句printf ("%d, %d", c1, c2-2);后，输出结果是（　　　）。

 A. A, B   B. A, 68   C. 65, 66   D. 65, 68

三、程序填空

1.输入一个字符，然后输出它的ASCII码。

_____

```
main ()
{  char ap;
    ap=getchar ();
    _____
}
```

2.输入三个数字分别作为一个三位数的个、十、百位数，然后输出这个三位数。

```
#include "stdio.h"
main ()
{  int n1, n2, n3, r;
    _____
    _____
    printf ("%d", r);
}
```

3.从键盘上以形如32+77的格式输入两个整数和加号，输出这两个整数之和，格式形如为32+77=109。

```
#include "stdio.h"
main ()
{  int m, n, s;
    _____
    s=m+n;
    _____
}
```

四、阅读程序，写程序结果

1.#include "stdio.h"

```
main ( )
{   int asc;
    char caps='P';
    asc=caps+31;
    printf ("asc=%d, %c\n", asc, asc);
    printf ("caps=%d, %c", caps, caps);
}
```

程序结果：_____。

2.#include "stdio.h"

```
main ( )
{   int x, y;
    int fx=16; float fy=5;
    float nx=7;
    char ch='0'; int asy;
    int px=19;
    printf ("%d\n", (x=6, y=12, y%=5, 7-y));
    printf ("%d\n", x/y);
    printf ("%d\n", x=x+=x=/5);
    printf ("%d\n", asy=++ch+2);
    printf ("%d\n", x+=x/=x--);
}
```

程序结果：_____。

3.#include "stdio.h"

```
main ( )
{   int a, b, d=241;
    a=d/100%9;
    b=(-1) && (-1);
    printf ("%d, %d", a, b);
}
```

程序结果：_____。

五、把下面的数学表达式改写成C语言表达式

1.$\dfrac{a(x-b)}{b-c}+6x$

2.$\dfrac{a+b}{cd}\div 7a$

3.ax^2 bx丨c

六、画流程图

1.输出10的阶乘。

2.输入整数p，判断它是否是质数。

[单元综合练习]

C语言基础综合练习2

一、填空题

1.C程序是由_____组成的，一个C程序中至少包含_____。

2.C程序注释符是由_____和_____组成，且不能嵌套使用。

3.上机运行一个C程序必须经过_____、_____、_____、_____4个步骤。

4.字符常量使用一对_____界定单个字符，而字符串常量使用一对_____来界定若干个字符的序列。

5.运算符%要求两个操作数是_____。

6.假设所有变量均为整型：a=3；b=5；a>b&&++a；a<b||++b，则a等于_____，b等于_____。

7.表达式a=（2，5，2+5），则a的值为_____。

8.C语言中，不同运算符之间运算次序存在_____的区别，同一运算符之间运算次序存在_____的规则。

9.已知x=2.5，a=7，y=4.7；，则x+a%3*（int）（x+y）%2/4的值是_____。

10.已知x=1，y=2；，则表达式y*=5+x的值为_____。

11.putchar（getchar（ ））；从键盘上输入A，则输出是_____。

12.printf函数和scanf函数的格式说明都使用_____字符开始。

13.若有以下定义，int m=5，y=2；，则计算表达式y+=y-=m*=y后y的值是_____。

14.若s是int型变量，则表达式s%2+（s+1）%2的值为_____。

15.若x和n均是int型变量，且x和n的初值均为5，则计算表达式x+=n++后x的值为_____，n的值为_____。

16.若有定义：int b=7；float a=2.5，c=4.7；，则表达式a+（int）（b/3*（int）（a+c）/2）%4的值为_____。

17.若int a=6，b=4，c=2；，表达式!（a-b）+c-1&&b+c/2的值是_____。

18.int a=3，b=4，c=5，x，y；，则表达式!（x=a）&&（y=b）&&0的值为_____。

二、选择题

1.下列字符序列中，不可用作C语言标识符的是（ ）。

A.abc123   B.no.1   C._123_   D._ok

2.下列符号中，不属于转义字符的是（ ）。

A.\\   B.\0AA   C.\t   D.\0

3.一个C语言程序是由（ ）。

A.一个主程序和若干子程序组成　　　　　B.一个或多个函数组成

C.若干过程组成　　　　　　　　　　　　D.若干子程序组成

4.C语言程序的基本单位是（　　　）。

A.程序行　　　　B.语句　　　　C.函数　　　　D.字符

5.putchar函数可以向终端输出一个（　　　）。

A.整型变量表达式值　　　　　　　　　　B.字符串

C.实型变量值　　　　　　　　　　　　　D.字符或字符型变量值

6.有如下程序段，从键盘输入数据的正确形式应是（　　　）。

float　x, y, z;

scanf（"x=%d, y=%d, z=%d", &a, &y, &z）;

A.123　　　　　　　　　　　　　　　　B.x=1, y=2, z=3

C.1, 2, 3　　　　　　　　　　　　　　D.x=1␣y=2␣z=3

7.以下选项中，正确的字符常量是（　　　）。

A."F"　　　　　　B.'\\'　　　　　C.'W'　　　　　D.'"

8.若有代数式 $\dfrac{3ab}{ed}$，则不正确的C语言表达式是（　　　）。

A.a/e/d*b*3　　B.3*a*b/e/d　　C.3*a*b/e*d　　D.a*b/d/e*3

9.以下符合C语言语法的赋值表达式是（　　　）。

A.a=9+b+c=d+9　B.a=(9+b, c=d+9)　C.a=9+b, b++, c+9　D.a=9+b++=c+9

10.在C语言中，要求运算数必须是整型的运算符是（　　　）。

A./　　　　　　B.++　　　　　C.*=　　　　　D.%

11.若有说明语句：char s='\72';，则变量s（　　　）。

A.包含一个字符　　　　　　　　　　　　B.包含两个字符

C.包含三个字符　　　　　　　　　　　　D.说明不合法，s的值不确定

12.若有定义：int m=7; float x=2.5, y=4.7;，则表达式x+m%3*（int）（x+y）%2/4的值是（　　　）。

A.2.500000　　B.2.750000　　C.3.500000　　D.0.000000

13.设以下变量均为int类型，则值不等于7的表达式是（　　　）。

A.m=n=6, m+n, m+1　　　　　　B.m=n=6, m+n, n+1

C.m=6, m+1, n=6, m+n　　　　　D.m=6, m+1, n=m, n+1

14.假设所有变量均为整型，则表达式（x=2, y=5, y++, x+y）的值是（　　　）。

A.7　　　　　　B.8　　　　　C.6　　　　　D.2

15.有如下程序，若要求x1, x2, y1, y2的值分别为20, 40, A, B, 正确的数据输入是（　　　）。

int　x1, x2;

char　y1, y2;;

scanf（"%d%d", &x1, &x2）;

scanf（"%c%c", &y1, &y2）;

A.2040AB　　B.20␣40␣ABC　　C.20␣40<回车>　　D.20␣40AB

AB

16.以下程序的执行结果是（   ）。

```
#include "stdio.h"
main ( )
{  int x=2, y=3;
   printf ( "x=%%d, y=%%d\n", x, y ) ;
}
```

    A.x=%2，y=%3   B.x=%%d, y=%%d   C.x=2，y=3   D.x=%d，y=%d

17.阅读以下程序，当输入数据的形式为：12，34，正确的输出结果为（   ）。

```
#include "stdio.h"
main ( )
{  int a, b;
   scanf ( "%d%d", &a, &b ) ;
   printf ( "a+b=%d\n", a+b ) ;
}
```

    A.a+b=46   B.有语法错误   C.a+b=12   D.不确定值

18.根据程序及数据的输入和输出形式，程序中输入语句的正确形式应该为（   ）。

```
#include "stdio.h"
main ( )
{  char s1, s2, s3;
   _____  /*输入语句*/
   printf ( "%c%c%c", s1, s2, s3 ) ;
}
```

输入：A └┘ B └┘ C

输出：A └┘ B

    A.scanf ("%c%c%c", &s1, &s2, &s3) ;

    B.scanf ("%c └┘ % └┘ c%c", &s1, &s2, &s3) ;

    C.scanf ("%c, %c, %c", &s1, &s2, &s3) ;

    D.scanf ("%c%c", &s1, &s2, &s3) ;

三、程序填空

1.输入两个实数x，y，交换它们的值。

```
#include "stdio.h"
main ( )
{  _____;
   scanf ( "%f%f", _____ )
   x=x-y;

   _____

   _____
   printf ( "x=%f, y=%f\n", x, y ) ;
}
```

2.按要求的格式输入一个整数和一个实数和，并按要求的格式输出它们之和。

输入格式如：4　7.3

输出格式如：4+7.3=11.3

```c
#include "stdio.h"
main ( )
{   int m;
    double x, y;

    _____

    y=m+x;

    _____

}
```

3.从键盘上输入3个整数，然后输出它们的平均值。

```c
#include "stdio.h"
main ( )
{   int x, y, z;

    _____

    _____

    av=_____

    printf ( "av=%f\n", av );
}
```

四、阅读程序，写程序结果

```c
1.#include "stdio.h"
  main ( )
  {   int y=3, x=3, z=1;
      printf ( "%d %d\n", ( ++x, y++ ), z+2 );
  }
```

程序结果：_____。

```c
2.#include "stdio.h"
  main ( )
  {   int a=14, b=15, x;
      char c='A';
      x= ( a&&b ) && ( c<'B' );
      printf ( "%d\n", x );
  }
```

程序结果：_____。

```c
3.输入a  68  25.6
  #include "stdio.h"
  main ( )
  {   char ch;
      int m;
```

```
      float x;
      scanf ("%c%d%f", &ch, &m, &x);
      printf ("ch=%c, m=%d, x=%f", ch, m, x);
   }
```
　　程序结果：＿＿＿＿＿＿＿＿＿＿＿＿＿＿＿。

4.#include "stdio.h"
```
  main ( )
  {  int m=7, n=4;
     float x=6.5, y=2.0, z;
     z=m/2+n*x/y+5%7;
     printf ("z=%f", z);
  }
```
　　程序结果：＿＿＿＿＿＿＿＿＿＿＿＿＿＿＿。

5.#include "stdio.h"
```
  main ( )
  {  int x=2, y;
     y=++x*x++;
     printf ("x=%d  y=%d", x, y);
  }
```
　　程序结果：＿＿＿＿＿＿＿＿＿＿＿＿＿＿＿。

五、把下面的数学表达式改写成C语言表达式

1. $\dfrac{3ab}{a+b}$

2. $\dfrac{4}{3}pr^3$

3. $\dfrac{9x^2}{2x-1}$

4. $\dfrac{1}{2}\left(ax+\dfrac{a+x}{4a}\right)$

六、画流程图

1.计算1~100能被3和2整除的所有数之和。

2.输入一个实数，统计其整数的位数。

[单元检测题]

NO.1

C语言基础单元检测题1

一、填空题（总分30分，每空2分）

1.设x为整型变量，值为1，则表达式（x&&1）＝＝（x%2）的值为＿＿＿＿＿＿＿＿。

2.若已知a=10，b=20，则表达式!a<b的值为_____。

3.C语言程序的基本单位是_____，C语言语句以_____作为分隔符。

4.设y是int型变量，请写出判断y为奇数的关系表达式_____。

5.设int i=10；，则执行j=++i；后j的值为_____。

6.输入输出函数中格式转换说明符与后面的数据项之间必须_____。

7.一个C源程序中至少包括一个_____函数。

8.有int x；float y；，写出为它们输入数据的语句是_____。

9.表达式x=119，y=x/13-2.1，1/31的值是_____。

10.与数学表达式 $\dfrac{x^2-1}{2}$ 等价的C语言表达式是_____。

11.逻辑运算符按优先级由高到低排列是_____。

12.赋值运算符的左操作数必须是_____，能执行自增自减操作的操作数必须是_____。

13.输入输出函数中格式转换说明符与后面的数据项之间必须_____。

二、选择题（总分30分，每题3分）

1.一个C程序的执行是从（　　　　）。

　A.本程序的main函数开始，到main函数结束

　B.本程序文件的第一个函数开始，到本程序文件的最后一个函数结束

　C.本程序的main函数开始，到本程序文件的最后一个函数结束

　D.本程序文件的第一个函数开始，到本程序main函数结束

2.所有变量均为整型，则表达式（a=2，b=5，b++，a+b）的值是（　　　　）。

　A.7　　　　　　　　　B.8　　　　　　　　　C.6　　　　　　　　　D.2

3.以下叙述不正确的是（　　　　）。

　A.一个C源程序可由一个或多个函数组成

　B.一个C源程序必须包含一个main函数

　C.C程序的基本组成单位是函数

　D.在C程序中，注释说明只能位于一条语句的后面

4.下列4个选项中，均是不合法的用户标识符的选项是（　　　　）。

　A.A　　p_o　　do　　　　　　　B.float　　lao　　_A

　C.b-a　　goto　　int　　　　　　D._123　　temp　　INT

5.下列4个选项中，均是合法整型常量的选项是（　　　　）。

　A.160　　-0xffff　　011　　　　B.-0xcdf　　01a　　0xe

　C.-01　　986，012　　0668　　　D.-0x48a　　2e5　　0x

6.下列4个选项中，均是合法转义字符的选项是（　　　　）。

　A.'\"'　　'\\'　　'\n'　　　　　　B.'\'　　'\017'　　'\"'

　C.'\018'　　'\f'　　'xdb'　　　　D.'\0'　　'\101'　　'x1f'

7.若有代数式3ae/bc，则不正确的C语言表达式是（　　　　）。

　A.a/b/c*e*3　　　B.3*a*e/b/c　　　C.3*a*e/b*c　　　D.a*e/c/b*3

8.已知各变量的类型说明如下：int k，a，b；long w=5；double x=1.42；，则以下不符合C语言语法的表达式是（　　　　）。

A.x%（-3）　　　　　　　　　　　　B.w+=-2

C.k=（a=2，b=3，a+b）　　　　　　D.a+=a-=（b=4）*（a=3）

9.以下不正确的叙述是（　　　）。

　　A.在C程序中，逗号运算符的优先级最低

　　B.在C程序中，APH和aph是两个不同的变量

　　C.若a和b类型相同，在计算了赋值表达式a=b后b中的值将放入a中，而b中的值不变

　　D.当从键盘输入数据时，对于整型变量只能输入整型

10.以下正确的叙述是（　　　）。

　　A.在C程序中，每行中只能写一条语句

　　B.若a是实型变量，C程序中允许赋值a=10，因此实型变量中允许存放整型数

　　C.在C程序中，无论是整数还是实数，都能被准确无误地表示

　　D.在C程序中，%是只能用于整数运算的运算符

三、程序填空（总分15分，每空3分）

1.输入两个整数，求它们的平均值。

```
#include "stdio.h"
main（）
{  int a, b;
   _____
   printf（请输入两个整数并用逗号分隔：）；
   _____
   _____
   printf（"整数%d和%d的平均值为%f\n", a, b, av）；
}
```

2.输入一个三位正整数，输出它们三位数字之和。

```
#include "stdio.h"
main（）
{  int x, s;
   scanf（"%d", &x）；
   _____
   d2=x/10%10；
   _____
   s=d1+d2+d3；
   printf（"三位数字之和为%d：\n", s）；
}
```

四、阅读程序，写程序结果（总分15分，每题5分）

```
1.#include "stdio.h"
  main（）
  {  int a=1;
     char c='1';
```

```
        printf ( "%d, %c\n", c-48, a+48 ) ;
        printf ( "%d, %d", a= =c, c<10 ) ;
    }
```
　　程序结果: ＿＿＿＿＿＿＿＿＿＿＿＿＿＿＿＿＿。

2.
```
#include "stdio.h"
  main ( )
  {  float a=7.325, b=8.67;
     int t;
     a= ( t= ( b*10+0.5 ) ) /10;
     a= ( t= ( b*10+0.5 ) ) /10;
     printf ( "a=%f, b=%f", a, b ) ;
  }
```
　　程序结果: ＿＿＿＿＿＿＿＿＿＿＿＿＿＿＿＿＿。

3.
```
#include "stdio.h"
  main ( )
  {  int  a = 2, b = 3, c, d;
     c=a +++ b ++;
     d=--a-b--;
     printf ( "a=%d, b=%d\n", a, b ) ;
     printf ( "c=%d, d=%d", c, d ) ;
  }
```
　　程序结果: ＿＿＿＿＿＿＿＿＿＿＿＿＿＿＿＿＿。

五、按要求画流程图（总分10分，第1题4分，第2题6分）

　　1.输入一个数，输出它的绝对值。

　　2.求100以内能被3整除的数之和。

[单元检测题]

C语言基础单元检测题2

一、填空题（总分30分，每空2分）

　　1.块语句是必用＿＿＿＿＿＿＿＿括起来的语句序列。

　　2.假设所有变量均为整型，则表达式（a=2，b=5，a++，b++，a+b）的值为

＿＿＿＿＿＿＿＿＿＿＿＿＿＿＿＿＿＿＿＿＿＿＿＿。

　　3.若有int x，则执行下面语句 x=8; x+=x-=x+x ; 后x值是＿＿＿＿＿＿＿＿。

　　4.当a=1，b=2，c=3时，则表达式a<b<c的值是＿＿＿＿＿＿＿＿＿＿＿。

　　5.年份y是闰年的表达式是＿＿＿＿＿＿＿＿＿＿＿＿＿＿＿＿＿＿＿＿＿。

6.与c=getchar（）；等价的语句是_____。

7.C语言中逻辑假用_____表示，逻辑真用_____表示。

8.定义符号LIMIT代表整数100的命令是_____。

9.变量占用内存单元的多少决定于_____。

10.字符串的结束符是_____，字符串"09经典"的长度是_____。

11.变量名必须以_____或_____打头。

12.使用变量必须遵守_____原则。

二、选择题（总分30分，每题3分）

1.以下叙述正确的是（　　）。

A.在C程序中，main函数必须位于程序的最前面

B.程序的每行中只能写一条语句

C.C语言本身没有输入输出语句

D.在对一个C程序进行编译的过程中，可发现注释中的拼写错误

2.若x, i, j和k都是int型变量，则计算表达式x=（i=4, j=16, k=32）后,x的值为（　　）。

A.4　　　　　　　B.16　　　　　　　C.32　　　　　　　D.52

3.下列四个选项中，均是合法的实数的选项是（　　）。

A.+1e+1　　5e−9.4　　03e2　　　B.−60　　12e−4　　−8e5

C.123e　　1.2e−4　　−8e5　　　D.−e3　　8e−4　　5.e−0

4.下面选项不能表示逻辑假的是（　　）。

A.0　　　　　　　B.\0　　　　　　　C.'0'　　　　　　　D.0.0

5.变量a, f, ch, 值分别为a=6, f=5.3, ch='a', 要求从键盘输入值给变量，输入格式为scanf（"%d%f%c", &a, &f, &ch）; , 则正确的输入值为（　　）。

A.65.3'a'　　　　B.6␣5.3␣a　　　C.6␣5.3a　　　D.6␣5.3␣'a'

6.下面正确的字符常量是（　　）。

A.'c"　　　　　　B.'\\"　　　　　　C.'W'　　　　　　D."

7.以下符合C语言语法的赋值表达式是（　　）。

A.d=9+e+f=d+9　　　　　　B.d=9+e, f=d+9

C.d=9+e, e++, d+9　　　　　D.d=9+e++=d+7

8.在C语言中，要求运算数必须是整型的运算符是（　　）。

A./　　　　　　　B.++　　　　　　　C.!=　　　　　　　D.%

9.设以下变量均为int类型，则值不等于7的表达式是（　　）。

A.（x=y=6, x+y, x+1）　　　　B.（x=y=6, x+y, y+1）

C.（x=6, x+1, y=6, x+y）　　　D.（y=6, y+1, x=y, x+1）

10.设有说明: char w; int x; float y; double z; , 则表达式w*x+z−y值的数据类型为（　　）。

A.float　　　　　B.char　　　　　C.int　　　　　D.double

三、程序填空（总分15分，每空3分）

1.输入两个整数，交换后输出。

```
#include "stdio.h"
```

```
main ( )
{
    int a, b, t;
    scanf ("%d%d", &a, &b);

    _____

    a=b;

    _____

    printf ("a=%d, b=%d", a, b);
}
```

2.输入3个数字字符，把它们组合成一个三位整数。

```
#include "stdio.h"
main ( )
{
    char c1, c2, c3;
    int r=0;

    _____

    r+=c1-48;

    _____

    _____

    printf ("r=%d", r);
}
```

四、阅读程序，写程序结果（总分15分，每题5分）

1.
```
#include "stdio.h"
main ( )
{ int a = 10, b;
    b=a++;
    printf ("a=%d, b=%d\n", a, b);
    b=--a;
    printf ("\na=%d, b=%d", a, b);
}
```
程序结果：_____。

2.
```
#include "stdio.h"
main ( )
{ char c1, c2, c3;
    c1='A';
    c2=c1+32;
    c3=c2+5;
    printf ("c2=%c其ASCII码为%d\n", c2, c2);
```

```
    printf（"c3=%c其ASCII码为%d\n", c3, c3）;
  }
```
程序结果：_____。

3.#include "stdio.h"
```
  main（）
  {  int a=9, b=7, c, d;
     c=++a;   d=b--;
     a%=3;   b/=4;
     printf（"a=%d, b=%d\n", a, b"）;
     printf（"c=%d, d=%d\n", c, d"）;
  }
```
程序结果：_____。

五、按要求画流程图（总分10分，第1题4分，第2题6分）

1.根据x的取值范围求函数y的值。

$$y=\begin{cases} -x & x<1 \\ 1/2x & 1<=x<10 \\ -3x & x<=10 \end{cases}$$

2.输入一串字符以回车结束，输出其中大写字母的个数。

第二单元

程序流程控制

知识内容概述

本单元内容主要包括顺序程序的执行特点，以及实现分支流程控制和循环流程控制的方法，具体为：三种基本程序流程结构的实现是实现复杂程序流程控制的基础，其中if语句是实现分支流程的重要命令，switch语句可使多分支结构清晰；实现循环流程控制有while语句、do...while语句和for语句3种语句，可根据实际情况灵活选用；合理使用辅助语句break和continue可以提高程序的执行效率。流程控制语句是实现良好程序结构的基础。

教学目标

知识要点	了　解	理　解	掌　握	运　用
顺序程序的执行特点		√		
编写顺序程序			√	
if语句及流程控制		√	√	√
if...else语句及流程控制		√	√	√
if...else if语句及流程控制		√	√	√
if语句的嵌套应用		√		
switch语句及流程控制	√			
编写分支程序			√	
while语句及流程控制		√	√	√
循环结构程序的组成		√		
do...while语句及流程控制		√	√	√
for语句及流程控制		√	√	√
循环嵌套应用		√		
break语句及应用		√	√	√
continue语句及应用		√	√	√
编写循环程序			√	

NO.1

［模块练习　模块一］
顺序程序设计

一、填空题

1.顺序结构程序的执行特点是按＿＿＿＿＿＿＿＿＿＿＿＿＿依次执行。

2.顺序结构程序中的每一条语句有＿＿＿＿＿＿＿＿次执行机会。

3.若有int a，b；，则语句a+=b，b=a-b，a-=b；的功能是＿＿＿＿＿＿＿＿＿＿。

4.字符变量lt存放有小写字母，把它转换成大写的表达式是＿＿＿＿＿＿＿＿＿＿＿＿。

5.从整型变量x分离出个位数字的表达式是＿＿＿＿＿＿＿＿＿＿＿＿＿＿＿＿。

6.求3个整型数u，v，w的平均值的表达式为＿＿＿＿＿＿＿＿＿＿＿＿＿＿。

7.将公式$c=\dfrac{5(f-32)}{9a}$，转化成合法C语言表达式＿＿＿＿＿＿＿＿＿＿＿＿＿＿。

8.int asc=65；，语句printf（"%c"，（asc，asc+32））；的输出是＿＿＿＿＿＿。

9.字符变量ch，表示它后面第2个字符的表达式＿＿＿＿＿＿＿＿＿＿＿＿＿＿＿＿。

10.与数学表达式|x|>10意思相同的C表达式为＿＿＿＿＿＿＿＿＿＿＿＿＿＿＿。

二、选择题

1.已有定义int a，b；float x，y；，以下正确的语句是（　　）。

　A.a=b=2　　　　　　　B.y=（a%2）/10；　C.x=y+6　　　　　D.a+b=x；

2.设有如下定义：　int x=10，y=3，z；，则语句printf（"%d\n"，z=（x%y，x/y））；的输出结果是（　　）。

　A.1　　　　　　　　B.0　　　　　　　　C.4　　　　　　　　D.3

3.有以下程序

main（）

{　int x=3，y=3，z=3；

　printf（"%d　%d\n"，（++x，y++），++z）；} 输出结果是（　　）。

　A.3　3　　　　　　　B.3　4　　　　　　C.4　2　　　　　　D.4　3

4.以下程序的输出结果是（　　）。

　　int x=5，y=5；

　　printf（"%d　%d\n"，x--，--y）；

　A.5　5　　　　　　　B.4　4　　　　　　C.4　5　　　　　　D.5　4

5.有char grd='V'；，下面输出语句正确的是（　　）。

　A.printf（"%c"，&grd）；　　　　　　　B.printf（"%f"，grd）；

　C.printf（grd）；　　　　　　　　　　D.printf（"%d"，grd）；

6.有输入语句scanf（"%d%c%d"，&a，&b，&c），为使变量a的值为5，b的值为'X'，c的值为4，从键盘输入数据的正确形式应为（　　）。

　A.5X4　　　　　　　B.5␣X␣4　　　　　　C.5'X'4　　　　　　D.5,X,4

7.与scanf（"%c"，&ch）；等价的语句是（   ）。

  A.getchar（ch）；   B.getchar（&ch）； C.ch=getchar（）；   D.&ch=getchar（）；

8.下列4个选项中，不能正确实现输入和输出的语句是（   ）。

char string[20]，ch；   int x，a=5；

  A.ch=getchar（）；   B.scanf（"%d，%s"，&x，&string）；

  C.printf（"%8c"，string[0]）；   D.putchar（string[a]）；

9.以下程序的输出结果是（   ）。

```
main（）
{   int x=10, y=10;
    printf（"%d %d\n", x--, --y）;
}
```

  A.10 10   B.9 9   C.9 10   D.10 9

10.以下程序的输出结果是（   ）。

```
main（）
{   int a=-1, b=4, k;
    k=（++a<0）&&!（b--<=0）;
    printf（"%d%d%d\n", k, a, b）;
}
```

  A.104   B.103   C.003   D.004

三、程序填空

1.任意输入一个字符，要求输出该字符和它的ASCII码，格式为"字符x的ASCII码是xx"。

```
#include "stdio.h"
main（）
{   char ch;
    scanf（_____）;
    _____;
}
```

2.按字母的排列顺序输入两个大写字母，计算包括这两个字母在内其间共有多少个字母。如输入A和D，则结果为4。

```
#include "stdio.h"
main（）
{   char ch1, ch2;
    printf（"请输入两个大写字母，中间用逗号间隔"）;
    scanf（_____）;
    printf（"这两个字母间的字母数是："）;
    printf（"%d", _____）;
}
```

3.已知电阻R1和R2并联，并联电阻R与R1和R2的关系式为1/R=1/R1+1/R2，要求从键盘输入R1和R2的值，计算输出R。

```
#include "stdio.h"
```

```
main ( )
{  float r1, r2;
        _____;
    scanf ( "%f, %f", &r1, &r2 ) ;
    r=_____;
    printf ( "%f", r ) ;
}
```

四、阅读程序，写程序结果

```
1.#include "stdio.h"
  main ( )
  {  int a=10, b, c;
     b=--a+5;
     printf ( "%d\n", b ) ;
     c=7+a--;
     printf ( "%d, %d", c, a ) ;
  }
```
　程序结果：_____。

```
2.#include "stdio.h"
  main ( )
  {  int x=4, y=0, z;
     x*= ( int ) 5.0/2;
     printf ( "%d\n", x ) ;
     x*=y=z=4;
     printf ( "%d", x ) ;
  }
```
　程序结果：_____。

3.程序运行时输入749：
```
  #include "stdio.h"
  main ( )
  {  int n, x, y, z;
     scanf ( "%d", &n ) ;
     x=n/100;
     y= ( n-x*100 ) /10;
     z=n%10;
     printf ( "%d␣%d␣%d\n", z, y, x ) ;
  }
```
　程序结果：_____。

```
4.#include "stdio.h"
  main ( )
  {  int a=3, b=6, s;
```

```
    char ch='B';
    s=a-b;
    ch=ch+2;
    printf ("s=%d, ch=%c\n", s, ch );
}
```

程序结果：_____。

五、编写程序

1.假设m是一个三位整数，则将m的个位、十位、百位反序组成的一个新的三位整数（例如：123反序为321）。

2.输入一个小写字母，输出其对应大写字母的前、后两个相邻字母。

[模块练习　模块二]

分支程序设计

一、填空题

1.在C语言中_____表达式可作为程序分支的条件。

2.if语句有_____个分支，if...else语句有_____个分支。

3.标识符else不能作为用户标识符，是因为else是_____。

4.else必须与if配对使用，其配对规则是_____。使用_____可以改变默认的配对关系。

5.switch表达式必须是_____类型的表达式，case表达式是_____表达式。

6.switch语句中的default代表switch表达式_____的所有值。

7.case表达式被称为_____，它标识一组语句，case表达式与语句必须用_____分隔。

8.在switch语句中，break的作用是_____。

9.用switch能实现的分支_____（一定/不一定）能用if...else if...来实现。

10.有int x=0; , 则if (x=1) printf ("%d", x); else printf ("%d", -x); 的输出是_____。

二、选择题

1.以下错误的if语句是（　　　）。

A.if (x>y) ;

B.if (x= =y) x+=y;

C.if (x!=y) scanf ("%d", &x) else scanf ("%d", &y);

D.if (x<y) {x++; y++; }

2.以下程序的输出结果是（　　　）。

```
main ( )
{   int  a=20, x=4, y=9, m= -5, n=2;
    if（x<y）
    if（y!=9）
    if（m>n）  a=-1;
    else    a=5;
    else   if（m>0）  a=8;
    else  a=2;
    printf（"%d", a）;
}
```

　A.-1　　　　　　　　B.5　　　　　　　　C.8　　　　　　　　D.2

3.下面正确的if语句是（　　　）。

　A.if（x>0）x+=2 else x-=2

　B.if（x>0）x+=2; x-=1; else x-=2;

　C.if（x>0）{x++; printf（"%d", x）; }else printf（"%d", --x）;

　D.if（x>90）x++; esle（x>=60）y++;

4.以下不正确的if语句形式是（　　　）。

　A.if（x>y&&x!=y）;

　B.if（x= =y）x+=y;

　C.if（x<y）; else {x++, y++; }

　D.if（x!=y）scanf（"%d", &x）else scanf（"%d", &y）

5.设int a=5, b=4, c=3, x=1; , 则执行语句if（a>3）if（b>4）if（c>5）x=2; else x=3; 后x的值是（　　　）。

　A.0　　　　　　　　B.2　　　　　　　　C.1　　　　　　　　D.3

6.有一函数$y=\begin{cases} 1 & (x>0) \\ 0 & (x=0) \\ -1 & (x<0) \end{cases}$ ，以下程序段中不能实现函数所表达功能的是（　　　）。

　A.if（x>0）y=1; else if（x==0）y=0; else y=-1;

　B.y=0; if（x>0）y=1; else if（x<0）y=-1;

　C.y=0; if（x>=0）if（x>0）y=1; else y=-1;

　D.if（x>=0）if（x>0）y=1; else y=0; else y=-1;

7.若int i=10; , 执行下列程序后, 变量i的正确结果是（　　　）。

```
switch（i）
{   case  0:  i+=1;
    case  10:  i+=1;
    case  11:  i+=1;
    default:   i+=1;
}
```

　A.10　　　　　　　　B.11　　　　　　　C.12　　　　　　　　D.13

8.下列关于switch语句和break语句的结论中, 正确的是（　　　）。

A.break语句是switch语句必不可少的一部分

B.在swtich语句中可以根据需要使用或不使用break语句

C.在swtich语句中必须使用break语句

D.break语句不能使用在swtich语句中

9.执行下列语句后，变量x的值为（　　　）。

```
switch (x=5)
{  case 0: x++;
   case 1: x+=2;
   default: x=0;
   case 2: x+=3;
}
```

  A.0　　　　　　　　B.2　　　　　　　　C.5　　　　　　　　D. 3

10.C语言中，switch后的括号内表达式的值可以是（　　　）。

  A.只能为整型　　　　　　　　B.只能为整型、字符型、枚举型

  C.只能为整型和字符型　　　　D.任何类型

三、程序填空

1.以下程序实现输出x，y，z 3个数中的最大者，请分析程序填空。

```
#include "stdio.h"
main ( )
{  int x=4, y=6, z=7;
   int_____;
   if (_____)
      u=x;
   else
      u=y;
   if (_____)
      v=u;
   else
      v=z;
printf ("v=%d", v);
}
```

2.以下程序对输入的一个小写字母进行循环后移5个位置后输出。例如，'a'变成'f'，'w'变成'b'。请分析程序填空。

```
#include "stdio.h"
main ( )
{  char c;
   c=_____;
   if (c>='a'&&c<='u') _____;
   else if (c>='v'&&c<='z') _____;
   putchar (c);
}
```

3.假设奖金税率如下（a代表奖金，r代表税率）：

$$
\begin{cases}
a<500 & r=0\% \\
500\leqslant a<1000 & r=5\% \\
1000\leqslant a<2000 & r=8\% \\
2000\leqslant a<3000 & r=10\% \\
3000\leqslant a & r=15\%
\end{cases}
$$

以下程序对输入的一个奖金数，求税率和应交税款以及实得奖金数（扣除奖金税后）。请分析程序填空。

```c
#include "stdio.h"
main ( )
{  float a, r, t, b;
   int c;
   scanf ("%f", & a);
   if (a>=3000) _____;
   else  c=_____;
   switch (c)
   {  case 0: r=0;  break;
      case 1: r=0.05;  break;
      case 2: case 3: r=0.08;  break;
      case 4: case 5: r=0.1; break;
      case 6: r=0.15; break;
   }
   _____;
   printf ("r=%f, t=%f, b=%f", r, t, b);
}
```

四、阅读程序，写程序结果

```c
1.#include "stdio.h"
  main ( )
  {  int x=2, y=-1, z=2;
     if (x<y)
       if (y>0)
       z=0;
     else
       z++;
  printf ("z=%d\n", z);
  }
```

程序结果：_____。

2.若输入35，程序运行的结果：

```c
#include "stdio.h"
  main ( )
```

```
{   int x ;
    scanf ("%d", &x) ;
    if (++x%3==0)
      if (++x%4==0)
        if (++x%5==0)
           printf ("x=%d\n ", x) ;
    printf ("x=%d\n", x) ;
}
```

程序结果：_____。

3.#include "stdio.h"
```
main ( )
{   int a, b, c, d;
    a=b=0;
    c=1;
    d=20;
    if (a)
      d=d-10;
    else if (!b)
      if (!c) d=15;
      else    d=25;
    printf ("%d\n", d) ;
}
```

程序结果：_____。

4.输入为3。
```
#include "stdio.h"
main ( )
{   int k;
    scanf ("%d", &k) ;
    switch (k)
    {   case 1:  printf ("%d\n", k++) ;
        case 2:  printf ("%d\n", k++) ;
        case 3:  printf ("%d\n", k++) ;
        case 4:  printf ("%d\n", k++) ; break;
        default: printf ("Full!\n") ;
    }
}
```

程序结果：_____。

五、编写程序

1.请编程序，根据以下函数关系，对输入的每个*x*值，计算出相应的*y*值。

x	y
$x \leqslant 0$	0
$0 < x \leqslant 10$	x
$10 < x \leqslant 20$	10
$20 < x < 40$	$-0.5x+20$

2.编写程序，要求根据输入的年份和月份，求出该月有多少天。

[模块练习　模块三]

NO.3

循环程序设计

一、填空题

1.当在数据处理中要重复执行相同的操作时，宜采用_____程序结构来实现。

2.循环的3要素是_____、_____、_____。

3.在循环语句体中包含另一个循环语句的用法称为_____。

4.执行循环语句体中的break语句后将使用包含它的循环语句_____。

5.要结束当前正在执行循环体语句而直接进入下一循环周期，需要执行_____语句。

6.在for语句中表达式允许省略，但___不能少，语句for（；；）；构成的是_____循环。

7.在for语句中，省略表达式2时，则循环为_____循环。

8.执行语句for（i=1；i++<4；）；后变量i的值是_____。

9.要使用循环程序提前结束本次循环周期并开始下一个循环周期，应在循环体内有条件使用_____语句。

10.在每次循环周期均要执行一次的语句，称为_____。

11.for语句括号内的3个表达式的作用分别是_____，_____和循环控制变量的更新。

二、选择题

1.若k为整型变量，则下面while循环共循环（　　）次。

```
k=5;
while（k>=0）  k-1;
```

　　A.无限循环　　　　　B.6次　　　　　　　C.5次　　　　　　　D.4次

2.与while（!dn）；中表达式！dn等价的是（　　）。

　　A.dn>=0　　　　　B.dn!=0　　　　　C.dn==0　　　　　D.dn!=1

3.有以下程序段，while 循环执行的次数是（　　）。

```
int k=0;
while（k==1）k++;
```

A.无限次   B.有语法错误，不能执行

C.一次也不执行   D.执行1次

4.在C语言中，当do while语句中的条件为（   ）时，结束该循环。

  A.0   B.1   C.TRUE   D.非0

5.若有int a=1，b=10；，执行下面语句后a，b的值为（   ）。

```
do
{  b-=a;
   a++;
} while（b--<0）;
```

  A.10，-1   B.2，8   C.9，0   D.4，-3

6.以下描述正确的是（   ）。

    A.由于do...while循环中循环体语句只能是一条可执行语句，所以循环体内不能使用复合语句

    B.do...while循环由do开始，用while结束，在while（表达式）后面不能写分号

    C.在do...while循环体中，一定要有能使while后面表达式的值变为0的操作

    D.do...while循环中，根据情况可以省略while

7.若有如下程序段，其中s，a，b，c均已定义为整型变量，且a，c均已赋值（c大于0）。

    s=c;

    for（b=1；b<=c；b++）s=s+1;

    则与上述程序段功能等价的赋值语句是（   ）。

    A.s=a+b;   B.s=a+c;   C.s=s+c;   D.s=b+c;

8.假定a，b，c，d均已定义为整型变量，且a，c均已赋值，a大于0，c大于0，则与程序段for（d=a，b=1；b<=c；b++）d--；功能等价的语句是（   ）。

    A.d=a+b   B.d=a+c   C.d=a-b   D.d=a-c

9.下面有关for循环说法正确的是（   ）。

    A.for循环只能用于循环次数已经确定的情况

    B.for循环是先执行循环体语句，后判断表达式2

    C.在for循环中，不能用break语句跳出循环体

    D.for循环的循环体语句中，可以包含多条语句，但必须用花括号括起来

10.下面选项中能跳出循环的是（   ）。

    A.for（y = 0，x = 1；x > ++y；x = i++）i = x;

    B.for（ ； ；x ++）;

    C.while（1）{x ++; }

    D.for（i =10； ；i--）sum += i;

三、程序填空

1.等比数列的第一项a=1，公比q=2，下面程序是求满足前n项和小于100的最大n值。

```
#include "stdio.h"
main（）
{  int a, q, n, sum=0;
```

```
    a=1；q=2；n=0；
    do
    { _____；
       n++；
       a*=q；
    } while ( _____ )；
     _____；
    printf ("%d\n"，n )；
}
```

2.下面程序的功能是计算1-3+5-7+…-99+101的值，请填空。

```
#include "stdio.h"
main ( )
{ int i，s=0，t=1；
    for ( i=1；i<=101；i+=2 )
       { s=_____；
          _____；
       }
    printf ("%d"，s )；
}
```

3.下面程序输出100以内的个位数为6，且能被3整除的所有数。

```
#include "stdio.h"
main ( )
{ int i，j；
for ( i=0；_____；i++ )
       { j=i*10+6；
          if ( _____ )
             printf ("%d"，_____ )；
       }
}
```

四、阅读程序，写程序结果

```
1.#include "stdio.h"
  main ( )
  { int a，b；
    for ( a=1，b=1；a<=100；a++ )
       { if ( b>=20 )  break；
          if ( b%3= =1 )
             { b+=3；
                continue；
             }
```

```
        b=-5;
      }
    printf ("%d\n", a);
}
```

程序结果: _____。

```
2.#include "stdio.h"
  main ( )
  { int i;
     for (i=1; i<=5; i++)
       switch (i%5)
       { case 0: printf ("*"); break;
         case 1: printf ("#"); break;
         default: printf ("\n"); break;
         case 2: printf ("&");
       }
  }
```

程序结果: _____。

```
3.#include "stdio.h"
  main ( )
  { int i, x;
     for (i=1, x=1; i<=50; i++)
     { if (x>=10)  break;
       if (x%2==1)
     { x+=5;
          continue;
       }
       x=3;
  }
     printf ("x=%d, i=%d", x, i);
  }
```

程序结果: _____。

```
4.#include "stdio.h"
  main ( )
  { int i, j;
     for (i=4; i>=1; i--)
     { printf ("*");
       for (j=1; j<=4-i; j++)
       printf ("*");
       printf ("\n");
     }
  }
```

程序结果: _____。

五、编写程序

1.用C语言编程，任意输入一个十进制数，将其转换为二进制数并输出。

2.输入n的值，计算并输出s=1*1+2*2+3*3+4*4+5*5+…+n*n的值。

[单元综合练习]

程序流程控制综合练习1

一、填空题（总分30分，每空2分）

1.运算符>=，==，=，!=，‖中运算优先级最低的是＿＿＿＿＿＿＿＿＿。

2.switch语句case标号后的表达式只能是＿＿＿＿＿＿＿＿＿表达式。

3.C语言中用＿＿＿＿＿＿＿＿表示逻辑值"真"，用＿＿＿＿＿＿＿＿表示逻辑值"假"。

4.C语言对嵌套if语句的规定是：else总是与＿＿＿＿＿＿＿＿＿＿＿＿。

5.正确地写出一个循环语句，对循环控制变量要做3个方面的工作，分别是＿＿＿＿，
＿＿＿＿＿＿，＿＿＿＿＿＿。

6.for语句括号内的3个表达式的作用分别是＿＿＿＿＿＿＿＿，＿＿＿＿＿＿＿＿和循环控制变量的更新。

7.下面程序段中循环体的执行次数是＿＿＿＿＿＿＿＿＿＿＿＿。

a=10；b=0；

do{b+=2；a-=2+b；}while（a>=0）；

8.执行下面程序段后，k值是＿＿＿＿＿＿＿＿＿＿＿＿＿＿＿。

k=1，n=263；

do{k*=n%10；n/=10；} while（n）；

9.在for语句中执行continue后，程序控制转向＿＿＿＿＿＿去执行。

10.语句for（i=1；i==1；i++）；循环的次数是＿＿＿＿＿＿。

11.循环的嵌套是指＿＿＿＿＿＿＿＿＿＿＿＿＿＿＿＿。

二、选择题（总分30分，每题3分）

1.若希望当A的值为奇数时，表达式的值为"真"；A的值为偶数时，表达式的值为"假"，则以下不能满足要求的表达式是（　　　）。

A.A%2==1　　　　B.！（A%2==0）　　C.！（A%2）　　　　D.A%2

2.设有：int a=1，b=2，c=3，d=4，m=2，n=2；执行（m=a>b）&&（n=c>d）后的值为（　　　）。

A.0　　　　　　　B.1　　　　　　　C.2　　　　　　　D.3

3.请阅读以下程序，该程序（　　　）。

main（）

{int a=5，b=0，c=0；

if（a+b+c）printf（"***\n"）；

else　printf（"$$$\n"）；}

A.有语法错误不能通过编译　　　　　　B.可以通过编译但不能通过连接

C.输出***　　　　　　　　　　　　　　D.输出$$$

4.以下程序的运行结果是（　　　）。

```
main ( )
{  int m=5;
   if ( m++>5 )   printf ( "%d\n", m );
   else   printf ( "%d\n", m-- ); }
```

A.4　　　　　　　　B.5　　　　　　　　C.6　　　　　　　　D.7

5.下面关于for循环的正确描述是（　　　）。

A.for循环只能用于循环次数已确定的情况

B.for循环是先执行循环体语句，后判断表达式

C.在for循环中，不能用break语句跳出循环体

D.for循环的循环体语句中，可以包含多条语句，但必须用花括号括起来

6.对for（表达式1；；表达式3）可以理解为（　　　）。

A.for（表达式1；0；表达式3）　　　　B.for（表达式1；1；表达式3）

C.for（表达式1；表达式1；表达式3）　D.for（表达式1；表达式3；表达式3）

7.下列关于for循环语句说法正确的是（　　　）。

A.任何情况下，for 循环语句的3个表达式不能减少

B.for循环语句只能用于循环次数已知道的情况

C.for循环语句中的语句至少执行一次

D.for循环语句中的循环体可以是复合语句

8.下面程序段运行的结果是（　　　）。

```
a=1, b=2; c=2;
while ( a<b<c ) {t=a; a=b; b=t; c--; }
printf ( "%d, %d, %d", a, b, c );
```

A.1，2，0　　　　B.2，1，0　　　　C.1，2，1　　　　D.2，1，1

9.若x，y已定义为int 型，则以下程序段中内循环体的执行次数是（　　　）。

```
for ( x=5; x; x-- )
    for ( y=0; y<4; y++ ) {......}
```

A.20　　　　　　　　B.24　　　　　　　　C.25　　　　　　　　D.30

10.下列说法正确的是（　　　）。

A.执行confinue后结束包含它的循环语句

B.执行break后直接进入下一次循环

C.执行continue后直接进入下一次循环

D.执行break后结束程序的执行

三、程序填空（总分15分，每空3分）

1.下面程序的功能是求1000以内的所有完全数。说明：一个数如果恰好等于它的因子之和（除自身外），则称该数为完全数。例如：6=1+2+3。

```
#include "stdio.h"
main ( )
{  int a, i, m;
```

```
for ( a=1; a<=1000; a++ )
    {   for ( _____; i<=a/2; i++ )
            if ( ! ( a%i ) ) _____;
        if ( m==a ) printf ( "%d", a ) ;
    }
}
```

2.下面程序的功能是输出1～100每位数的乘积大于每位数的和的数，请分析程序填空。

```
#include "stdio.h"
main ( )
{   int n, k=1, s=0, m;
    for ( n=1; n<=100; n++ )
        {   k=1; s=0;
            _____;
            while ( _____ ) ;
            {   k*=m%10;
                s+=m%10;
                _____;
            }
            if ( k>s ) printf ( "%3d", n ) ;
        }
}
```

四、阅读程序，写程序结果（总分15分，每题5分）

1.从键盘输入2473<CR>。

```
#include "stdio.h"
main ( )
{   int c;
    while ( ( c=getchar ( ) ) !='\n')
        switch ( c-'2' )
            {   case 0:
                case 1: putchar ( c+4 ) ;
                case 2: putchar ( c+4 ) ; break;
                case 3: putchar ( c+3 ) ;
                case 4: putchar ( c+2 ) ; break;
            }
    printf ( "\n" ) ;
}
```

程序结果：_____。

2.
```
#include "stdio.h"
main ( )
{   int i=1;
    while ( i<10 )
```

```
            if（++i%3!=1）    continue;
            else    printf（"%d", i）;
        }
    程序结果：_____。
3.#include "stdio.h"
    main（）
    {  int a，b；
        a=0；
        for（b=0；b<15；b++）
        {  if（b%2==0）
                continue;
            a+=b;
        }
    printf（ "a=%d，b=%d\n", a, b）;
    }
    程序结果：_____。
```

五、编写程序（总分10分）

编写程序解决以下问题：有1020个西瓜，第一天卖一半多两个，以后每天卖剩下的一半多两个，问几天以后能卖完?

[单元综合练习]

程序流程控制综合练习2

一、填空题（总分30分，每空2分）

1.switch后的表达式的值的类型是_____或_____，case后的表达式是_____。

2.至少执行一次循环体的循环语句是_____。

3.语句for（i=1；i==1；i++）；循环的次数是_____。

4.结构化程序有3种基本程序结构，它们分别是_____、_____、_____。

5.break语句只能用于_____语句和_____语句中。

6.continue语句的作用是_____，即跳过循环体中下面尚未执行的语句，接着进行下一次是否执行循环的判定。

7.在for语句中执行continue后，程序控制转向_____去执行。

8.对于程序段：for（a=1，i=-1；-1<i<1；i++）{ a++；printf（"%d", a）; } printf（"%d", i）; ，其运行结果是_____。

9.在for语句中，当省略＿＿＿＿＿＿＿＿＿＿＿＿＿＿时，构成的是死循环。

10.执行循环片段int k=1; while（!k==0）{k=k+1; printf（"%d\n"，k）; }后，循环体循环＿＿＿＿＿＿＿＿＿＿＿＿＿＿次。

二、选择题（总分30分，每题3分）

1.在do-while循环中，循环由do开始，用while结束。必须注意的是：在while表达式后面的（　　　）不能丢，它表示do-while语句的结束。

A.0　　　　　　　　　B.1　　　　　　　　　C.;　　　　　　　　　D.,

2.在循环结构中，循环条件可以是（　　　）。

A.关系表达式　　　B.逻辑表达式　　　C.常量表达式　　　D.以上3项均可

3.下面有关for循环的正确描述是（　　　）。

A.for循环只能用于循环次数已经确定的情况

B.for循环是先执行循环体语句，后判断表达式

C.在for循环中，不能用break语句跳出循环体

D.for循环的循环体可以包括多条语句，但必须用花括号括起来

4.以下不是死循环的程序段是（　　　）。

A.int i=100; while（1）{ i=i%100+1 ; if（i>100）break ; }

B.for（ ; ; ）;

C.int k=0; do { ++k; } while（k>=0）;

D.int s=36; while（s）; --s ;

5.在循环语句中，用于直接中断最内层循环的语句是（　　　）。

A.switch　　　　　　B.continue　　　　　C.break　　　　　　D.if

6.下面程序段（　　　）。

```
for（t=1; t<=100; t++）
{   scanf（"%d"，&x）;
    if（x<0）  continue;
    printf（"%d"，t）;
}
```

A.当x<0时整个循环结束　　　　　　B.x>=0时什么也不输出

C.printf函数永远也不执行　　　　　　D.最多允许输出100个非负整数

7.设有程序段：

```
t=0;
while（printf（"*"））
{   t++;
    if（t<3）  break;
}
```

下面描述正确的是（　　　）。

A.其中循环控制表达式与0等价　　　　　B.其中循环控制表达式与'0'等价

C.其中循环控制表达式是不合法的　　　　D.以上说法都不对

8.下列叙述不正确的是（　　　）。

　　A.如果循环体无休止的执行下去，这种状态叫死循环

　　B.while（）循环结构常用于在需要至少执行一次循环体的地方

　　C.break语句不能用于除循环结构和switch结构外的任何地方

　　D.循环语句while、do while、for语句可以互相嵌套自由配合

9.有以下程序段：则执行后，输出'*'个数是（　　　）。

```
int i, j;
for（i=0；i<5；++i）
  {  for（j=i；j<5；++j）
    printf（"*"）；
    printf（"\n"）；  }
```

　　A.15　　　　　　　　B.10　　　　　　　　C.25　　　　　　　　D.20

10.下面程序段中循环体的执行次数是（　　　）。

```
for（n=2；n<20；n+=4）
  printf（"%d", n）；
```

　　A.5　　　　　　　　B.4　　　　　　　　C.3　　　　　　　　D.2

三、程序填空（总分15分，每空3分）

1.某人走一个长长的阶梯时发现，如果每步跨3阶，最后剩2阶；如果每步跨4阶，最后剩3阶；如果每步跨5阶则刚刚好走完。下面程序用来计算此阶梯最少有多少阶。

```
#include "stdio.h"
main（）
{  int i;
    _____；
    do
    {  if（i%3= =2）
      if（i%4= =3）
        break；
      i=_____；
    } while（1）；
 printf（"最少阶梯数是%d", i）；
}
```

2.从键盘上输入一段英文文章，下面程序将检测键盘输入的字符，自动把每个英文单词的首字母大字。单词间用空格分隔，输入回车结束（回车和空格的ASCII码分别是13和32）。

```
#include "stdio.h"
main（）
{  int a=1;
    char ch;
    while（（ch=getchar（））!=_____）
    {  if（ch>='a' && ch<='z' && a==1）
```

```
        {  ch=ch-32;
              _____ ;
        }
        if ( _____ )
            a=1;
      putchar（ch）;
      }
  }
```

四、阅读程序，写程序结果（总分15分，每题5分）

```
1.#include "stdio.h"
  main（）
  {  int i, j;
     for（i=1；i<=10；i++）
     {  j=i*10+6;
        if（j%3!=0）  continue;
        printf（"\n%d", j）;
     }
  }
  程序结果：_____。
```

```
2.#include "stdio.h"
  main（）
  {  int a, b;
     int m=0, n=0;
  for（a=1；a<7；a+=2）
       for（b=1；b<=a；b*=2）
            m+=a-b;
       n+=1;
  printf（"m=%d, n=%d", m, n）;
  }
  程序结果：_____。
```

```
3.#incluede "stdio.h"
  main（）
  {  int x=39;
     long r=0, e=1;
     while（x）
     {  r=x%2*e+r;
        x/=2;
        e*=10;
     }
     printf（"r=%d", r）;
```

```
    }
    程序结果: _____。
```

五、编写程序（总分10分）

输出500以内的所有同构数。同构数是指该数出现在它的平方数的右端整数。如5出现在它的平方数25的右端，因此5就是同构数。

[单元检测题]

程序流程控制单元检测 1

一、填空题（总分30分，每空2分）

1.else必须与_____配对使用。

2.C语言规定_____表示逻辑真。

3.在每次循环周期均要执行一次的语句，称为_____。

4.无论循环条件是真还是假，_____语句的循环体总要执行一次。

5.for语句省略_____，将会是死循环。

6.break语句的作用是_____。

7.continue语句的作用是_____。

8.与for（；；）；流程控制等价的while语句是_____。

9.以下程序段的输出是_____。

int a=6;

while（a--）；

  printf（"%d", a--）；

10.与数学表达式|x|>10意思相同的C表达式为_____。

11.循环语句for（i=0；i<=10；i*=2）；要执行的次数_____。

12.循环语句x=2；while（x--）；执行后x的值为_____。

13.C语言规定逻辑真用_____表示，逻辑假用_____表示。

14.设a=3，b=4，c=5；，表达式 ++a>=b||b++>c&&（b=c）运算后变量b的值为_____

_____。

二、选择题（总分30分，每题3分）

1.设有程序段：

int k=10；

while（k=0） k=k-1；

则下列描述正确的是（　　　）。

    A.while循环执行10次   B.循环是无限循环

C.循环体一句也不执行　　　　　　　D.循环体执行一次

2.语句while（！E）；中！E等价于（　　　）。

　A.E==0　　　　　　B.E!=1　　　　　　C.E!=0　　　　　　D.E==1

3.下列程序段的运行结果是（　　　）。

int n=0;

while（++n<=2）；printf（"%d", n）；

　A.2　　　　　　　　B.3　　　　　　　　C.4　　　　　　　　D.语法错误

4.C语言中while语句和do while语句的主要区别是（　　　）。

　A.do while的循环体至少执行一次　　　B.while的循环条件比do while控制得严格一些

　C.do while允许从外部转到循环体内　　D.do while的循环体不能是复合语句

5.下列程序段的输出结果是（　　　）。

```
#include "stdio.h"
main（）
{   int a, b, d=241;
    a=d/100%9;
    b=（-1）&&（1）;
    printf（"%d, %d", a, b）;
}
```

　A.6, 1　　　　　　B.6, -1　　　　　　C.2, 1　　　　　　D.2, -1

6.以下不正确的语句为（　　　）。

　A.if（x>y）;

　B.if（x=y）&&（x!=0）x+=y;

　C.if（x!=y）scanf（"%d", &x）; else scanf（"%d", &y）;

　D.if（x<y）{x++; y++; }

7.以下程序运行后的输出结果是（　　　）。

```
#include "stdio.h"
main（）
{   int i=5, j=0;
    do
    {   j=j+（--i）;
    } while（i<2）;
    printf（"%d\n", j）; }
```

　A.4　　　　　　　　B.5　　　　　　　　C.6　　　　　　　　D.9

8.下列程序的运行结果是（　　　）。

```
#include "stdio.h"
main（）
{   int a=5;
    if（a++==5）
      printf（"%d\n", a）;
    else
      printf（"%d\n", a--）;
}
```

A.4   B.5   C.6   D.7

9.有语句if（i++>5）i++；如果条件不成立，则变量的值（   ）。

   A.发生改变   B.未发生改变   C.不确定   D.i的值加2

10.关于下列程序叙述正确的是（   ）。

```
for（n=1；n<=100；n++）
{   scanf（"%d"，&x）；
    if（x<0）
    continue；
    printf（"%d"，x）；
}
```

   A.当x<0时整个循环结束   B.x>=0时什么也不输出

   C.printf函数永远也不执行   D.最多输出100个非负数

三、程序填空（总分15分，每空3分）

1.下列程序的功能是：输出100以内能被3整除且个位数为9的所有整数。

```
#include "stdio.h"
main（）
{   int i，j；
    for（i=0；i<10；i++）
      {  _____；
          if（_____）
            _____；
          printf（"%d"，j）；
      }
}
```

2.输出1~100满足每位数的乘积大于每位数的和的数。

```
#include "stdio.h"
main（）
{   int n，k=1，s=0，m；
for（n=1；n<=100；n++）
{   k=1；s=0；
      m=n；
      while（_____）
        {   k*=m%10；
            s+=m%10；
              _____；
        }
      if（k>s）   printf（"%d"，n）；
      }
}
```

四、阅读程序，写程序结果（总分15分，每题5分）

1.
```c
#include "stdio.h"
main ( )
{   int a=7, b=8, c=9;
    if ( a>c)
      a=b, b=c, c=a;
    else
    {   a=c;
        c=b;
        b=a;
    }
    printf ( "%d, %d, %d", a, b, c ) ;
}
```
程序结果：_____。

2.
```c
#include "stdio.h"
main ( )
{   int a=0, i;
    for ( i=0; i<5; i++)
      { switch ( i )
        {   case 0:
            case 3:  a+=2;
            case 1:
            case 2:  a+=3; break;
            default: a+=5;
        }
      }
    printf ( "%d\n", a ) ;
}
```
程序结果：_____。

3.
```c
#include "stdio.h"
main ( )
{   int a , b, i;
    a=1; b=3; i=1;
    do{   printf ( "%d, %d, ", a, b ) ;
        a= ( b-a ) *2+b;
        b= ( a-b ) *a;
        if ( i++%2= =0 )   printf ( "\n" ) ;
    } while ( b<100 ) ;
}
```
程序结果：_____。

五、编写程序（总分10分）

编写程序，求s=a+aa+aaa+aaaa+…，输入a和n，其中a代表一个具体数字，n代表有几项。例如，输入a是2，n是4，则s=2+22+222+2222。

程序流程控制单元检测2

一、填空题（总分30分，每空2分）

1.设int a=11，b=2；，则语句while（a>b）{a/=b；}中循环体的执行次数是_____。

2.在C语言中，设int a=0，b=0，m；，则执行m=a==b&&b后，m的值为_____。

3.执行语句for（i=1；i++<5；）；后，变量i的值为_____。

4.在每次循环周期均要执行一次的语句，称为_____。

5.无论循环条件是真还是假，_____语句的循环体总要执行一次。

6.在switch结构中多个语句标号可以_____一组语句序列。

7.对程序段for（i=1；i<=50；i++）；退出循环时i的值为_____。

8.如果for循环使用以下形式表示：

for（表达式1；表达式2；表达3）

循环体语句

则执行语句for（i=0；i<3；i++）printf（"*"）；时，表达式1执行_____次，表达式3执行_____次。

9.下面程序段中循环体的执行次数是_____。

a=10；b=0；

do{b+=2；a-=2+b；}while（a>=0）；

10.当a=3，b=2，c=1时，表达式f=a>b>c的值是_____。

11.在for语句中执行continue后，程序控制转向_____去执行。

12.在循环中，continue语句与break语句的区别是：continue语句只是_____，break语句是_____。

13.在for语句中表达式允许省略，但_____不能少。

二、选择题（总分30分，每题3分）

1.for（x=0，y=0；（y=123）&&（x<3）；x++）；循环的次数是（　　　）。

　A.无限循环　　　　　B.循环次数不定　　C.4次　　　　　　D.3次

2.在C语言条件判断中，能正确表示"a不等于0"的表达式是（　　　）。

　A.a<>0　　　　　　B.a　　　　　　　C.=a#0　　　　　D.!a

3.以下描述中正确的是（　　　）。

　A.continue语句的作用是结束整个循环的执行

　B.只能在循环体内和switch语句体内使用break语句

　C.在循环体内使用break语句或continue语句的作用相同

　D.从多层循环嵌套中退出时，只能使用goto语句

4.以下不正确的语句为（　　　）。

　A.if（x>y）；

　B.if（x= y）&&（x! = 0）x+= y；

C.if（x!= y）scanf（"%d"，&x）；else scanf（"%d"，&y）；

D.if（x< y）{x++ ；y++；}

5.下列程序段的运行结果是（　　）。

int a=1，b=2，c=2，t；

while（a<b&&b<c）{ t= a；a= b；b=t；c- -；}

printf（"%d, %d, %d", a, b, c）；

A.1，2，2　　　　　B.2，1，2　　　　　C.1，2，1　　　　D.2，1，1

6.以下描述中正确的是（　　）。

A.由于do-while循环中循环体语句只能是一条可执行语句，所以循环体内不能使用复合句

B.do-while循环由do开始，用while结束，在while（表达式）后面不能写分号

C.在do-while循环体中，一定要有能使while后表达式值变为零（"假"）的操作

D.do-while循环中，根据情况可以省略while

7.下列有关for循环的正确描述是（　　）。

A.for循环只能用于循环次数已经确定的情况

B.for循环是先执行循环体语句，后判断表达式

C.在for循环中不能用break语句跳出循环体

D.for循环的循环体语句中可以包含多条语句，但必须用花括号括起来

8.若i为整型变量，则以下循环执行次数是（　　）。

for（i=2；i==0；）printf（"%d"，i-- ）；

A.无限次　　　　　B.0次　　　　　　C.1次　　　　　　D.2次

9.下列程序段的运行结果是（　　）。

int n=0；

while（n++<3）；

printf（"%d"，n）

A.2　　　　　　　B.3　　　　　　C.4　　　　　　D.以上都不对

10.设有程序段：

t=0；

while（printf（"*"））；

　{ t++；

　　if（t<3）break；

　}

下列描述正确的是（　　）。

A.其中循环控制表达式与0等价　　　　B.其中循环控制表达式与'0'等价

C.其中循环控制表达式是不合法的　　　D.以上说法都不对

三、程序填空（总分15分，每空3分）

1.根据输入一元二次方程$ax^2+bx+c=0$（$a\neq0$）中的各项系数a，b，c，计算判别式$d=b^2-4ac$的值。

#include "stdio.h"

```
main ( )
{   int a, b, c;
        _____;
    printf ("a, b, c: ");
    scanf ("%d, %d, %d", &a, &b, &c);
        _____;
    printf ("d=%f", d);
}
```

2.统计用0~9可以组成多少个十位与个位数字不同的2位偶数，并输出这些数。

```
#include "stdio.h"
main ( )
{   int i, j, n;
        _____;
    for (_____; i<10; i++)
    for (j=0; j<10; j+=2)
      if (_____)
        {   n++;
            printf ("%d\n", i*10+j);
        }
        printf ("n=%d", n);
}
```

四、阅读程序，写程序结果（总分15分，每题5分）

1.
```
#include "stdio.h"
main ( )
{   int  s=51, m;
    switch (s/10)
        {   case 1: case 3: case 5:   m=1;
            case 6:   m=3;
            case 7:   m=5; break;
            case 8:   m=6; break;
            case 9:   m=7; break;
            default:   m=0;
        }
        printf ("m=%d", m);
}
```
程序结果：_____。

2.运行时输入AABBBC。

```
#include "stdio.h"
main ( )
```

```
{  int a1=0, a2=0, a3=0;
    char ch;
    while ( ( ch=getchar ( ) ) !='\n')
      switch ( ch )
          {  case 'A' : a1++;
              case 'B' : a2++;
              default : a3++;
          }
          printf ( "%d", a1 ) ;
          printf ( "%d", a2 ) ;
          printf ( "%d", a3 ) ;
}
```

程序结果：_____。

```
3.#include "stdio.h"
  main ( )
  {  int i, k=16;
      while ( i=k−1 )
        {  k−=3;
            if ( k%5= =0 ) {i++; continue; }
            else if ( k<5 )   break;
            i++;
        }
        printf ( "i=%d, k=%d\n", i, k ) ;
  }
```

程序结果：_____。

五、编写程序（总分10分）

编写程序，求表达式$s=\dfrac{1}{1^2}+\dfrac{1}{2^2}+\dfrac{1}{3^2}+\cdots+\dfrac{1}{n^2}$的值，直到被加项小于$10^{-6}$为止。

第三单元

构造数据对象

知识内容概述

本单元主要描述了在实际应用中，为了更方便的组织数据，C语言提供了利用基本数据类型来构造复杂数据类型的手段。其中，包括了数组、结构类型、枚举类型和指针类型。本单元主要就这些数据类型的定义和使用进行讲解。

教学目标

知识要点	了　解	理　解	掌　握	运　用
数组的概念	√			
一维数组的定义			√	
数组元素的表示方法			√	
利用循环处理数组				√
数组元素和变量的关系		√		
初始化数组的格式			√	
初始化数组的注意事项			√	
利用字符数组处理字符串				√
字符串数组的输入及输出			√	
结构类型的概念及定义	√			
枚举类型的概念及定义	√			
指针类型的概念及定义	√			

NO.1

数　组

一、填空题

1.数组是一组有序的、连续存储的、_____的变量的集合。

2.一维数组是指_____个数为1的数组。

3.在C语言中，数组元素的下标从_____开始。

4.定义一个名为pers，能存放10个整型数据的一维数组的语句是_____。

5.有数组定义：double gp[8]; ，则该数组长度为_____，最后一个元素的下标为_____。

6.若有定义为 float array[10]={3.5, 4.7, 6.8}; ，则该数组中数组元素的个数为____，array[8]的值为_____。

7.若有定义为 int fly[]={1, 2, 3, 4, 5, 6, 7}; ，则该数组的长度为_____，该数组在内存中所占的存储空间为_____字节。

8.利用格式转换说明符%s输入字符串时，系统会自动在字符串的末尾加上一个_____。

9.除了利用格式转换说明符%s来完成字符串的输入及输出外，还可以利用函数____来完成字符串的输入，利用函数_____来完成字符串的输出。

10.在使用循环处理数组时，循环控制变量一般作为数组的_____。

二、判断题

1.声明数组时可以用变量、常量、表达式来声明长度。　　　　　　（　　）

2.同一个数组可以存储不同类型的数据。　　　　　　　　　　　　（　　）

3.数组名表示该数组的首地址。　　　　　　　　　　　　　　　　（　　）

4.数组是一组同名变量的集合，通过下标访问其中的变量元素。　（　　）

5.数组的元素被称为下标变量，格式为数组名[下标]。　　　　　　（　　）

6.定义数组时，初始化列表的数据个数不能超过数组的长度。　　（　　）

7.下标变量有同基本变量相同的操作特性。　　　　　　　　　　　（　　）

8.字符数组就是字符串。　　　　　　　　　　　　　　　　　　　（　　）

9.gets函数可用于输入中间有空格的字符串。　　　　　　　　　　（　　）

10.puts函数可以输出整个字符数组的值。　　　　　　　　　　　　（　　）

11.可以用一个字符串常量去初始化一个字符数组。　　　　　　　（　　）

12.int ax[10]={}; 给数组的每个元素初始化0值。　　　　　　　　（　　）

13.char sa[5]="abcde"; 可以正确初始化。　　　　　　　　　　　（　　）

14.char sa[]="abcde"; 有语法错误。　　　　　　　　　　　　　　（　　）

15.int a[2]={1, 2, 3}, b[3]; ，则b=a;执行后，b具有与a相同的元素值。（　　）

三、选择题

1.以下数组定义正确的是（　　　）。

　　A.int aa[−1];　　　B.char 2cc[36];　　　C.char bb[0xFF];　　D.float ff（5）;

2.以下数组初始化错误的是（　　　）。

　　A.int w1[5]={1, 2, 3, 4, 5};　　　　　B.char w2[]={'a', 'b', 'c'};

　　C.float w3[10]={1, 2, 3, 4, 5};　　　D.float w4[3]= {1, 2, 3, 4, 5};

3.若有定义int a[10];，则以下数组输入输出语句正确的是（　　　）。

　　A.scanf（"%d", a[10]）;　　　　　　B.scanf（"%d", &a[10]）;

　　C.printf（"%d", a[i]）;　　　　　　D.printf（"%d", &a[i]）;

4.与定义char h[]="abc\n"不等价的语句是（　　　）。

　　A.char h[5]={ "abc\n" };　　　　　B.char h[5]= "abc\n";

　　C.char h[]={'a', 'b', 'c', '\n'};　　　D.char h[]={'a', 'b', 'c', '\n', '\0'};

5.若有定义char d[10];，则以下语句正确的是（　　　）。

　　A.gets（d[10]）;　　B.gets（d）;　　　C.puts（d[10]）;　　D.puts（"%s", d）;

6.若有定义int a, b[5];，则以下输入函数格式正确的是（　　　）。

　　A.scanf（"%d", a）;　　　　　　　　B.scanf（"%d", b[10]）;

　　C.scanf（"%d", &a）;　　　　　　　　D.scanf（"%d", &b）;

7.下列对数组的定义正确的是（　　　）。

　　A.float sc（10）;　　B.float sc[];　　　C.float sc[10];　　　D.float sc[10.5];

8.下列各项可用数组名的是（　　　）。

　　A.int　　　　　　　B.INT　　　　　　　C.2dir　　　　　　　D.__jsj.1

9.若有下列定义，则正确的说法是（　　　）。

char x[]={'a', 'b', 'c', 'd'};

char y[]="abcd";

　　A.数组x和数组y的长度相同　　　　B.数组x的长度大于数组y

　　C.数组x长度小于数组y　　　　　　D.数组x和数组y等价

10.下列数组初始化不正确的是（　　　）。

　　A.int tip[]={1, 2, 3, 4, 5};　　　　　B.int tip[20]={0};

　　C.int tip[5]=1, 2, 3, 4, 5;　　　　　D.char name[]="Horn";

11.在C语言中，每个字符串的结尾都会有一个字符串的结束标志，该标志是（　　　）。

　　A.'\n'　　　　　　B."0"　　　　　　　C.'0'　　　　　　　D.'\0'

12.已知int a[10];，则对该数组元素正确的引用是（　　　）。

　　A.a[10]　　　　　B.a[3.5]　　　　　　C.a（5）　　　　　　D.a[10−10]

13.字符串"hello"在内存中占用的空间是（　　　）字节。

　　A.5　　　　　　　B.6　　　　　　　　C.7　　　　　　　　D.8

14.下面关于数组的说法，不正确的是（　　　）。

　　A.数组是一组连续的、类型相同的数据集合

　　B.数组中的数组元素相当于一个简单变量

　　C.数组可以保存字符串

D.数组的下标从1开始

15.已知有int a[5]={1，2，3}；，若执行a[4]=a[0]+a[3]，则a[4]的值为（　　　）。

    A.1　　　　　　　　　B.2　　　　　　　　C.不确定值　　　　D.0

四、阅读程序写结果

1.
```c
#include "stdio.h"
main ( )
{   int   i, j, k;
    int   a[8]={6, 2, 11, 4, 5, 9, 7, 8};
    i=0; j=7;
    while ( i<j )
    {   k=a[i];
        a[i]=a[j];
        a[j]=k;
        i++, j--;
    }
    for ( i=0; i<8; i++ )
        printf ( "%d", a[i])
}
```
程序结果：＿＿＿＿＿＿＿＿＿＿＿＿＿＿＿＿。

2.
```c
#include "stdio.h"
#define size 10
main ( )
{   int a [size]={1, 3, 5, 7, 9, -2, -4, -6, -8, 0};
    int   m=0, n=0, i;
    for ( i=0; i<size; i++ )
    {   if ( a[i]>0 )
            m++;
        else
            n++;
    }
    printf ( "m=%d, n=%d\n", m, n );
}
```
程序结果：＿＿＿＿＿＿＿＿＿＿＿＿＿＿＿。

3.
```c
#include "stdio.h"
#define size 10
main ( )
{   int a[size], i;
    for ( i=0; i <size; i++ )
        a[size-i-1]=i;
    for ( i=0; i<size ; i=i+2 )
```

```
        printf（"%3d", a[i]）;
    }
    程序结果: _____。
4.#include "stdio.h"
  main（）
  { char ch, s[]={'e', 'e', 'e', 'e', 'e', 'e', 'd', 'c', 'b', 'a', 'a'};
      int i , j ;
      for（j=0 ; j<200; j=j+25）
      {   i=j/10;
          if （i>=0&&j<=10）
          { ch=s[i/10];
              printf（"%c", ch）;
          }
          else
              break;
      }
  }
  程序结果: _____。
5.#include "stdio.h"
  main（）
  {   char s[20];
      int i, j;
      gets（s）;
      for（i=j=0; s[i]!='\0'; i++）
      if（s[i]!= 'c'）
          s[j++]=s[i];
      s[j]='\0';
      puts（s）;
  }
  输入bcdceeccffg, 程序结果: _____。
```

五、程序填空

1.本程序实现输入10个数存入数组a 中，然后计算各元素的和并存入su中。

```
#include "stdio.h"
main（）
{ int a[10], i, su;
    for（i=0; _____; i++）
        scanf（"%d, _____ ）;
    _____
    for（i=0 ; i<10; i++）
        _____
```

```
    printf ("%d", su);
}
```

2.本程序实现在数组中查找最小值元素的位置。

```
#include "stdio.h"
main ( )
{  float f[15], _____ ;
   int i, _____
   for ( i=0; i<15; i++)
     scanf ("%f", &f[i]);
   min=f[0]; pos=0;
   for ( i=0; i<15; i++)
   if ( _____ )
   {  _____
      _____
   }
   printf ("最小值为%f, 位置为%d\n", min, pos);
}
```

六、编写程序

1.输入20个同学的成绩到数组cj中，统计其中的最高分和最低分，以及20名同学的总分和平均分。

2.输入10个数存放在一个数组中，输入一个数存入x中，然后输出所有与x相同的元素的位置。

[模块练习　模块二]

NO.2

结构类型

一、填空题

1.定义结构体的关键字为_____。

2.结构类型由若干成员组成，每个成员即可以是一个_____，也可以是一个构造类型。

3.引用结构类型的一般形式为_____。

4.在结构类型中，初始化各成员之间的值用_____分隔。

5.结构成员变量_____（可以/不可以）像普通变量一样进行运算。

6.定义结构变量的一般格式为_____。

二、判断题

1.结构可以直接使用，不需要定义。　　　　　　　　　　　　　　（　　　）

2.结构成员变量可以像普通变量一样进行运算。　　　　　　（　　　）

3.可以引用结构变量的地址，但不允许引用结构成员的地址。（　　　）

4.结构体变量可以作为一个整体进行赋值和输出。　　　　　（　　　）

5.结构体类似于数据库中的记录。　　　　　　　　　　　　（　　　）

6.结构体让程序可以定义新的数据类型。　　　　　　　　　（　　　）

7.用同一结构声明的两个结构变量之间可以直接赋值。　　　（　　　）

8.匿名结构只能使用一次。　　　　　　　　　　　　　　　（　　　）

9.在结构中还可以定义结构。　　　　　　　　　　　　　　（　　　）

10.结构变量所占内存空间等于各成员变量所占空间之和。　（　　　）

三、选择题

1.设有100个学生的考试成绩数据表结构如下，在下面结构体数组的定义中，不正确的是（　　　）。

数据项	学　号	姓　名	成　绩
变量名	no	name	score
数据类型	int	char	double

A.struct sform
```
  {  int no;
     char name[10];
     double score;
  };
sturct sform stu[100];
```

B.struct sform
```
  {  int no;
     char name[10];
     double score;
  } stu[100];
```

C.struct stu[100]
```
  {  int no;
     char name[10];
     double score;
  };
```

D.struct
```
  {  int no;
     char name[10];
     double score;
  } stu[100];
```

2.设有一结构体类型变量定义如下：
```
struct date
{  int year;
   int month;
   int day;
};
struct worklist
{  char name[20];
   char sex;
   struct date birthday;
} person;
```

若要对结构体变量 person 的出生年份进行赋值时，下面正确的赋值语句是（　　　）。

　A.year=1976　　　　　　　　　　B.birthday.year=1976

　C.person.birthday.year=1976　　　D.prson.year=1976

3.已知学生记录描述为:

```
struct student
{   int no;
    char name[20];
    char sex;
    struct
    {   int year;
        int month;
        int day;
    } birth;
};
struct student s;
```

变量s中的生日birth应该是"1984年11月11日",下列的正确赋值方式是（　　　）。

　A.year=1984;　　　　　　　　　B.birth.year=1984;

　　month=11;　　　　　　　　　　birth.month=11;

　　day=11;　　　　　　　　　　　birth.day=11;

　C.s.year=1984;　　　　　　　　D.s.birth.year=1984;

　　s.month=11;　　　　　　　　　s.birth.month=11;

　　s.day=11;　　　　　　　　　　s.birth.day=11;

4.当说明一个结构体变量时系统分配给它的内存是（　　　）。

　A.各成员所需内存的总和　　　　B.结构中第一个成员所需内存量

　C.成员中占内存量最大者所需的容量　　D.结构中最后一个成员所需内存量

5.设有以下说明语句:

```
struct stu
{   int a;
    float b;
} stutype;
```
则以下叙述不正确的是（　　　）。

　A.struct 是结构体类型的关键字　　　B.struct stu 是用户定义的结构体类型

　C.stutype 是用户定义的结构体类型名　　D.a 和 b 都是结构体成员名

6.C语言结构体类型变量在程序执行期间（　　　）。

　A.所有成员一直驻留在内存中　　　B.只有一个成员驻留在内存中

　C.部分成员驻留在内存中　　　　　D.没有成员驻留在内存中

7.下列程序的输出结果是（　　　）。

```
#include "stdio.h"
main ( )
{   struct
```

```
    {   int x, y;
    }d[2]={{1, 3}, {2, 7}};
    printf ("%d\n", d[0].y/d[0].x*d[1].x);
}
```

    A.0   B.1   C.3   D.6

8.关于结构类型的描述正确的是（　　　）。

    A.结构是一种用户自定义数据类型

    B.结构中不可以再定义结构

    C.结构变量可以整体赋值

    D.成员变量中占空间最大者的空间就是结构变量所分配的空间

四、按要求定义结构类型、变量及初始化

1.定义银行账户结构类型bank_account，包括账户名aname、账号bno（账号由16位数字）、账户余额balance。然后定义一个账户变量myac，其账户名、账号、余额分别是Tythory，627890801111236，234513.546。

2.定义一个匿名结构用描述平面坐标系中的点，并定义结构变量op表示坐标原点。

五、编写程序

超市购物单bylist有商品名tnm、数量cnt、单价pri。一顾客买了5种商品到收银台结账，请编程计算该顾客购买的商品件数和总金额。

[模块练习　模块三]

枚　举

一、填空题

1.定义枚举类型的关键字是_____。

2.枚举值列表之间各项用_____分隔。

3.枚举类型定义的一般格式为_____。

4.用户可以改变枚举元素的默认值，但必须在_____指定。

5.定义枚举变量的一般格式为_____。

6.枚举值本质是用名称表示的_____类型的数据，其默认值是_____，如果不给重新指定值，后一个的值是在前一个上_____。

二、判断题

1.枚举类型属于构造类型，因为它包含了多个值。   （　　　）

2.枚举值只能进行算术运算，不能进行关系运算。   （　　　）

3.枚举变量的定义可以有3种形式。　　　　　　　　　　　　（　　　）

4.枚举元素按常量来处理，所以也称为枚举常量。　　　　　　（　　　）

5.要为枚举变量赋值，必须要保证所赋值的类型与枚举变量的类型一致。（　　　）

6.枚举变量只能取定义枚举时所列的值。　　　　　　　　　　（　　　）

7.使用枚举可以增加程序的可读性。　　　　　　　　　　　　（　　　）

8.给枚举变量赋值既可以用枚举常量赋值，也可用对应的整数来赋值。（　　　）

9.定义枚举时各枚举常量的值不能相同。　　　　　　　　　　（　　　）

10.枚举常量的名称不区分大小写。　　　　　　　　　　　　（　　　）

三、选择题

1.设有定义语句enum team{my, your =4, his, her=his+10}; , 则printf（"%d, %d, %d, %d \n", my, your, his, her）; 的输出是（　　　）。

　　A.0, 1, 2, 3　　　　B.0, 4, 0, 10　　　C.0, 4, 5, 15　　　D.1, 4, 5, 15

2.以下对枚举类型名的定义中正确的是（　　　）。

　　A.enum a={one, two, three};　　　　　　B.enum a {a1, a2, a3};

　　C.enum a={'1', '2', '3'};　　　　　　　D.enum a {"one", "two", "three"};

3.若有以下程序段，则执行后结果为（　　　）。

```
#include "stdio.h"
main（）
{  enum em{em1=3, em2=1, em3};
char *aa[]={"AA", "BB", "CC", "DD"};
printf（"%s %s %s\n", aa[em1], aa[em2], aa[em3]）;
}
```

　　A.DD BB CC　　　　B.DD AA BB　　　　C.AA BB CC　　　　D.BB CC DD

4.设有如下枚举类型定义：

enum color{ red=3, yellow, blue=10, white, black } ;

其中枚举量 black 的值是（　　　）。

　　A.7　　　　　　　B.15　　　　　　　C.14　　　　　　　D.12

5.下列说法正确的是（　　　）。

　　A.数组不属于构造类型

　　B.枚举型属于构造类型，因为它包含多个值

　　C.每个枚举值都是一个单独的变量，可以为它赋值

　　D.枚举元素本身由系统定义了一个表示序号的值，从0开始顺序定义

四、按要求定义枚举和枚举变量

1.定义表示一年12个月的枚举month，并定义枚举变量bd_mnth，赋值为六月。

2.定义表示红、绿、蓝三基色的枚举basecolor类型，并定义枚举变量color的值为绿色。

[模块练习　模块四]

指　针

一、填空题

1.定义指针变量的一般格式为_____，定义一个基类型为整型的指针变量pi的语句为_____。

2.用_____格式转换说明符来输出指针的值。

3._____操作用来实现指针的移动。

4.有long *p1，lv；lp=&lv；，若lp的值为ffe0，则执行lp++后，lp的值为_____。

5.若有语句int w[5]={23，54，10，33，47}，*p=w；，则通过指针 p 引用值为10 的数组元素的表达式是_____或_____。

二、判断题

1.指针是内存地址的一种说法。　　　　　　　　　　　　　　　　　　（　　）

2.指针变量是可以存放任意类型变量的地址。　　　　　　　　　　　　（　　）

3.数组名是一个指针变量，存放的是数组的首地址。　　　　　　　　　（　　）

4.指针变量p+5就是对p的值加5。　　　　　　　　　　　　　　　　　（　　）

5.基类型为char型的指针变量可以存放字符串。　　　　　　　　　　　（　　）

6.指针是用来存放的指定变量地址的变量。　　　　　　　　　　　　　（　　）

7.可以定义指针的指针。　　　　　　　　　　　　　　　　　　　　　（　　）

8.指针变量存放的是所指变量对应内存单元区域的首地址。　　　　　　（　　）

9.定义的指针变量可以指向任何数据类型的变量。　　　　　　　　　　（　　）

10.如有指针变量add，则add+1是下一个内存单元的地址。　　　　　　（　　）

三、选择题

1.有定义：int n1=0，n2，*p=&n2，*q=&n1；，以下赋值语句中与n2=n1；语句等价的是（　　）。

　　A.*p=*q;　　　　　　　B.p=q;　　　　　　　C.*p=&n1;　　　　　　D.p=*q;

2.若有定义：int x=0，*p=&x；，则语句printf（"%d\n"，*p）；的输出结果是（　　）。

　　A.随机值　　　　　　　B.0　　　　　　　　C.x的地址　　　　　　D.p的地址

3.以下定义语句中正确的是（　　）。

　　A.char a='A'b='B';　　　　　　　　　B.float a=b=10.0;

　　C.int a=10，*b=&a;　　　　　　　　　D.float *a，b=&a;

4.下列程序运行后的输出结果是（　　）。

```
#include "stdio.h"
main ( )
{    int a=7, b=8, *p, *q, *r;
```

```
        p=&a; q=&b;
        r=p; p=q; q=r;
        printf ("%d, %d, %d, %d\n", *p, *q, a, b);
}
```
   A.8, 7, 8, 7   B.7, 8, 7, 8   C.8, 7, 7, 8   D.7, 8, 8, 7

5.有定义int a, *pa=&a; 以下scanf语句中能正确为变量a读入数据的是（　　　）。
   A.scanf ("%d", pa);   B.scanf ("%d", a);
   C.scanf ("%d", &pa);   D.scanf ("%d", *pa);

6.设有定义：int n=0, *p=&n, **q=&p; , 则以下选项中, 正确的赋值语句是（　　　）。
   A.p=1;   B.*q=2;   C.q=p;   D.*p=5;

7.下列程序运行后的输出结果是（　　　）。
```
#include "stdio.h"
void  fun (char *a, char *b)
{  a=b;
   (*a) ++;
}
main ( )
{  char  c1="A", c2="a", *p1, *p2;
   p1=&c1;
   p2=&c2;
   fun (p1, p2);
   printf ("%c%c\n", c1, c2);
}
```
   A.Ab   B.aa   C.Aa   D.Bb

8.以下定义与int *p[4]; 等价的是（　　　）。
   A.int p[4];   B.int p;   C.int (*p) [4];   D.int * (p[4]);

9.有int a[]={2, 4, 6, 8, 10}, *p=a, i; 且i取[0, 4]中的值, 则下面错误的是（　　　）。
   A.* (a+i)   B.* (p+i)   C.p+i   D.p[i]

10.有定义int a[]={1, 2, 3, 4, 5, 6, 7, 8, 9, 0}, *p=&a[3]; , 则p[5]的值是（　　　）。
   A.5   B.9   C.4   D.8

四、阅读程序写结果

1.#include "stdio.h"
```
  main ( )
  {  int a=19, *pa;
     pa=&a;
     *pa++;
     printf ("a=%d\n", a);
  }
```
   程序结果：_____。

2.#include "stdio.h"

```
main ( )
{   int i, a[]={1, 3, 5, 7, 9, 11, 13, 15}, *p;
    p=a+5;
    for ( i=3; i; i-- )
      switch ( i )
      {   case 1:
          case 2:  printf ( "%d\n", *p++ ) ; break;
          case 3:  printf ( "%d\n", * ( --p ) ) ;
      }
}
```

程序结果: _____。

3.#include "stdio.h"

```
main ( )
{   char s[]="abcdef", *ps;
    ps=s;
    * ( ps+4 ) +=3;
    printf ( "%c, %c\n", *ps, * ( ps+4 ) ) ;
}
```

程序结果: _____。

4.#include "stdio.h"

```
main ( )
{   int a[]={1, 3, 5}, s=1, i, *p=a;
    for ( i=0; i<3; i++ )
    s*=* ( p+i ) ;
    printf ( "s=%d\n", s ) ;
}
```

程序结果: _____。

五、程序填空

1.函数len求取字符串的长度。

```
int len ( char *s )
{   char *ps;
    _____;
    while ( *ps )
      _____;
    return p-k;
}
```

2.下面程序把字符串逆序输出。

```
#include "stdio.h"
main ( )
```

```
{  char s[]="12345";
   char *ps1，*ps2, tc;
   while（*ps2!='\0'）
      ps2++;
      _____；
   while（ps1<ps2）
   {   tc=*ps1；
       *ps1=*ps2；
       _____；
       _____；
       _____；
   }
}
```

3.下面程序删除字符串中的空格。
```
#include "stdio.h"
main（）
{  char str[128], *s, *t;
   gets（str）；
   _____
   while（*t）
   {   if（_____）
       _____
      t++；
   }
   s='\0';
   puts（str）；
}
```

[单元检测题]

构造数据对象单元检测题1

一、填空题（总分30分，每空2分）

1.在数组中，组成数组的数据称为_____。

2.一维数组定义的一般形式是_____。

3.有数组定义：float kk[15]；，则将第一个元素赋值为5.0的语句为_____；将第二个元素赋值为12.3的语句为_____；将一、二两个元素的和赋给最后一个元素的语句为_____。

4.字符数组是元素类型为_____的数组，字符串变量是以_____作为结束标志的字符数组。

5.若有定义int a[10]；，则该数组的下标范围为_____。

6.在采用选择法对数组进行排序是时，有n个元素在进行_____的比较，在每次比较中进行_____次的交换。

7.若定义char ch [10]；，则用gets输入字符存入ch的语句为_____，用scanf实现同样功能的语句为_____。

8.已知有定义char cstr[]="中文winxp"，数组的长度为_____。

9.在C语言中，使用_____来保存字符串。

10.数组的长度表示该数组存放数据的_____。

二、选择题（总分30分，每题3分）

1.在C语言中，下列数组定义正确的是（　　　）。

    A.char a[]；　　　　B.char a[]=123；　　C.char a[]='123'；　　D.char a[]="123"；

2.下列关于数组的说法，不正确的是（　　　）。

    A.数组作为一个整体，可以参加运算　　　B.数组中的数组元素相当于一个简单变量

    C.数组可以用来保存字符串　　　　　　　D.数组是一组连续的、类型相同的数据集合

3.用scanf函数为数组a中的第三个数组元素输入数据的格式正确的是（　　　）。

    A.scanf（"%d"，a[2]）；　　　　　　　　B.scanf（"%d"，&a[2]）；

    C.printf（"%d"，&a[2]）；　　　　　　　D.printf（"%d"，&a（2））；

4.下列赋值正确的是（　　　）。

    A.int a[5]；a=10；　　　　　　　　　　B.int b[6]；b[6]=7；

    C.int c[7]；c[6]=10；　　　　　　　　　D.int d[5]；d[5]={1，2，3，4}；

5.在定义数组长度时，数组的长度为（　　　）。

    A.任意非负数　　　B.任意数　　　　C.整型数据　　　　D.非负整型数据

6.对以下说明语句正确的理解是（　　　）。

int a[10]={6，7，8，9，10，12}；

    A.将6个初值依次赋值给a[1]至a[5]　　　B.将6个初值依次赋值给a[0]至a[5]

    C.将6个初值依次赋值给a[5]至a[9]　　　D.因数组长度和初值的个数不同，所以无法赋值

7.已知int a[8]；则对数组元素正确引用的是（　　　）。

    A.a[10]　　　　　　B.a[-6]　　　　　　C.a[3.5]　　　　　　D.a[10-5]

8.下列各选项中，在内存中占相同长度的一组是（　　　）。

    A.int a[5]；float b[5]；　　　　　　　　B.char c[4]；double b[2]；

    C.int a[10]；float b[5]；　　　　　　　D.float c[2]；long d[2]；

9.字符串"word"在内存中占用的空间是（　　　）字节。

    A.4　　　　　　　　B.5　　　　　　　　C.6　　　　　　　　D.无法确定

10.在C语言中，引用数组元素时，其数组下标的数据类型允许是（　　　）。

    A.只能是整型常量　　B.整型表达式　　　C.实型表达式　　　D.任意类型表达式

三、程序填空（总分15分，每空3分）

1.本程序实现统计10个同学成绩的各分数段人数，100分为一个分数段，其余每10分为一个分数段。

```
#include "stdio.h"
main ( )
{   int a[11], i, k, s;
    float cj;
    for ( i=0; i<11; i++ )
        _____;
    for ( i=0; i<10; i++ )
    {   scanf ( "%f", &cj );
        _____;
        _____;
    }
    for ( i=0 ; i<10; i++ )
        printf ( "各分数段人数依次为%d", a[i] );
}
```

2.下面的程序是完成在一组数中，找到和输入值相等的数。

```
#include "stdio.h"
main ( )
{   int a[10]={79, 82, 55, 60, 65, 93, 81, 90, 58, 67};
    int i, x;
    printf ( "请输入x的值" );
    scanf ( "%d", &X );
    for ( i=0; i<10; i++ )
      if ( a[i]= =x )
          _____;
    if ( _____ )
        printf ( "找到了输入的数" );
    else
        printf ( "没找到输入的数" );
}
```

四、阅读程序，写程序结果（总分15分，每题5分）

```
1.#include "stdio.h"
  main ( )
  {   char ss[]="8632plan";
      int n, a=0;
      for ( n=0; ss[n]>= '0'&&ss[n]<= '9'; n++ )
        a=a*10+ss[n]-48;
      printf ( "a=%d", a );
  }
```

程序结果：_____。

```
2.#include "stdio.h"
  main ( )
  {   int a []={3, -45, -7, 23, 0, 22, -23, 9, -13, 71};
      int  i;
      for ( i=0; i<10; i++ )
      {   if ( a[i]>=0 )
              a[i]=a[i]*2;
          else
              a[i]=-a[i];
      }
      for ( i=0; i<10; i++ )
          printf ( "%d", a[i] );
  }
```
程序结果：_____。

```
3.#include "stdio.h"
  main ( )
  {   int b[6]={12, 7, 18, 10, -3, 4};
      int min, i;
      min=b[0];
      for ( i=1; i <6; i++ )
          if ( b[i]>min )
          min=b[i];
      printf ( "%d", min );
  }
```
程序结果：_____。

五、编写程序（总分17分，第1题7分，第2题10分）

1.输入20个同学的成绩到数组cj中，并将其按由高到低进行排序。

2.已知整型数组a长度为20，其中保存了15个数，并且这些数在数组中是有序存放的。现插入一个数b，保存到数组a中，要求插入的数不改变数组a中原来的顺序。例如数组a中保存数为 1，3，5，24，26 插入一个数9后，数组为1，3，5，9，24，26。

[单元检测题]
                                                                        NO.2

构造数据对象单元检测题2

一、填空题（总分30分，每空2分）

1.一个数组的数组元素是_____。

2.定义能存储11个双精度实数的数组dblary的语句是_____。

3.g是整型数组，与语句scanf（"%d"，&g[0]）；等价的语句是＿＿＿＿＿＿＿＿＿＿。

4.数组名表示该数组的＿＿＿＿＿＿＿＿＿＿＿＿＿＿。

5.若有定义int a[10]={1，2，45，6，7，55}；，则数组a的最后一个元素值是＿＿＿＿＿。

6.利用gets函数对字符串进行输入时，是将第一个非空白字符到＿＿＿＿＿＿＿＿＿＿之间的字符序列转化为字符串。

7.在C语言中，数组的＿＿＿＿＿＿＿＿＿＿＿＿是固定的，若有数组int a[10]；则该数组的下标上限为＿＿＿＿＿＿＿＿＿＿＿＿＿＿＿。

8.利用gets函数输入字符串时，以＿＿＿＿＿＿＿＿＿＿作为结束符。

9.定义能存放字符串"2008奥运"的字符数组ws的语句是＿＿＿＿＿＿＿＿＿＿＿。

10.有数组定义int st[]={0，1，2，3，4}；，该数组长度为＿＿＿＿＿＿＿＿＿＿＿＿。

11.字符变量只能处理单个字符，我们利用＿＿＿＿＿＿＿＿＿＿来存放和处理字符串。

12.一维数组是＿＿＿＿＿＿＿＿＿的一组数，数组中的数据项被称为＿＿＿＿＿＿＿＿＿＿。

13.利用格式转换说明符%s输入字符串时，把输入的第一个＿＿＿＿＿＿＿＿＿到下一个非空白字符之间的字符序列转换为字符串。

二、选择题（总分30分，每题3分）

1.以下对一维整型数组a的正确说法是（　　　　）。
   A.int a（10）；　　　　　　　　　　B.int n=10，a[n]；
   C.int n；scanf（"%d"，&n）；int a[n]；　　D.#define SIZE 10 int a[SIZE]；

2.以下不能对一维数组a进行正确初始化的语句是（　　　　）。
   A.int a[10]=（0，0，0，0，0）；　　　B.int a[10]={}；
   C.int a[ ]={0}；　　　　　　　　　D.int a[10]={10*1}；

3.下列对数组s的初始化，不正确的是（　　　　）。
   A.char s[5]={"abcd"}；　　　　　　　B.char s[5]={'a'，'b'，'c'}；
   C.char s[5]= " " ；　　　　　　　　D.char s[5]= "abcde"；

4.有定义int a[10]，b[10]，c[10]；，则以下语句正确的是（　　　　）。
   A.a=b　　　　　B.a[10]=b[10]　　　C.c=a+b　　　　D.c[0]=b[0]=a[0]；

5.若有定义char s[20]；int a[5]；则以下语句正确的是（　　　　）。
   A.s=gets（ ）；　　　　　　　　　　B.puts（a）；
   C.scanf（"%d"，a[5]）；　　　　　　D.scanf（"%s"，s）；

6.下面定义的数组中，占用空间最多的是（　　　　）。
   A.char str[12]；　　B.int num[5]；　　C.float fv[3]；　　D.double dv[2]；

7.下面说法正确的是（　　　　）。
   A.在定义数组时，不需要指定数组长度
   B.字符数组char s1[30]能存放有效长度为29的字符串
   C.数组的长度可以为0
   D.数组在使用时，做单个变量处理

8.若有定义int i，a[10]；，则以下数组输入输出语句正确的是（　　　　）。
   A.scanf（"%d"，a[10]）；　　　　　　B.scanf（"%d"，&a[0]）；
   C.printf（"%d"，a[i]）；　　　　　　D.printf（"%d"，&a[0]）；

9.与定义char h[]="abc\n"不等价的定义是（　　　　）。
   A.char h[5]={ "abc\n"}；　　　　　　B.char h[5]= "abc\n"；
   C.char h[]={'a'，'b'，'c'，'\n'}；　　D.char h[]={'a'，'b'，'c'，'\n'，'\0'}；

10.有数组int a[5]，b[5]；，下列操作正确的是（　　　　）。

　A.a=b;　　　　　　　B.a[]=b[];　　　　　　C.a[0]=b[0];　　　　　D.a[5]=b[5];

三、程序填空（总分15分，每空3分）

1.下面程序是统计输入的一串字符中各大写字母的个数，以回车结束输入。

```
#include "stdio.h"
main ( )
{   int sc[26], i;
    char ch;
    for ( i=0; i<26; i++ )
    scanf ("%c", &sc[i]) ;
    while (_____)
    if ( ch>='A'&&ch<='Z'
    _____;
    for ( i=0; i<26; i++ )
        printf ("%c的个数为%d", i+65, sc[i]) ;
}
```

2.下面程序的功能是将输入的字符串中的数字字符转换为数字，并输出其各个数字的和。

```
#include "stdio.h"
main ( )
{   char ch[100];
    int n, m=0, x;
    _____;
    for ( n=0; ch[n]!=_____; n++ )
        if ( ch[n]>= '0'&&ch[n]<= '9' )
            { x=ch[n]-48;
            _____;
            }
    printf ("m=%d\n", m) ;
}
```

四、阅读程序，写程序结果（总分15分，每题5分）

1.
```
#include "stdio.h"
main ( )
{   int d1[7]={1, 7, 5, 6, 4, 2, 3};
    int d2[7]={3, 6, 9, 1, 7, 8, 5};
    int pd=0, i, s;
    for ( i=6; i>=0; i-- )
```

```
        {   s=d1[i]+d2[i]+pd;
            pd=s/10;
            d1[i]=s%10;
        }
        for ( i=0; i<7; i++ )
            printf ( "%d", d1[i] );
    }
```
程序结果：_____。

2.
```
#include "stdio.h"
main ( )
{   int a[5]={1, 2, 3, 4, 5};
    int i, j;
    for ( i=0; i<5; i++ )
        for ( j=i; j<5; j++ )
            a[j]=a[i]+1;
    for ( i=1; i<5; i++ )
        printf ( "%d", a[i] );
}
```
程序结果：_____。

3.
```
#include "stdio.h"
main ( )
{   int i=1, n=3, j, k=3;
    int a[5]={1, 4, 5};
    while ( i<=n&&k>a[i] )  i++;
    for ( j=n-1; j>=i; j-- )
        a[j+1]=a[j];
    a[i]=k;
    for ( i=0; i<=n; i++ )
        printf ( "%d, ", a[i] );
}
```
程序结果：_____。

五、编写程序（总分17分，第1题7分，第2题10分）

1.利用数组，求两个30位的大整数之差（结果一定不为负）。

2.围绕着山顶有10个洞，一只兔子和一只狐狸相遇了，狐狸要吃兔子，兔子对狐狸说："你可以吃掉我，但必须先找到我，我就藏在这10个洞中，你先到1号洞找我，若没找到，则第二次到隔一个洞找我，即3号洞，第三次隔两个洞找我，即6号洞。以后以此类推，找到我就可以吃掉我了。"狐狸答应了，但是狐狸进出洞1000次后，还没找到兔子，请编程求兔子在哪个洞。

实现模块化
程序设计

知识内容概述

本单元主要描述了如何使用函数来完成模块化，主要讲解了函数的分类、函数定义的一般格式、函数间数据传递的方式、函数的调用方法以及变量的分类和作用域等内容。

教学目标

知识要点	了 解	理 解	掌 握	运 用
函数的分类	√			
函数定义的一般格式			√	
形式参数的使用				√
函数的返回值				√
函数调用的方式和方法			√	
对被调函数的是声明		√		
函数间数据传递的规则		√		
全局变量的概念	√			
局部变量的概念	√			
全局变量的作用域与使用规则			√	
局部变量的作用域与使用规则			√	

[模块练习　模块一]

函　数

一、填空题

1.在C语言中，一个函数由两个部分组成，它们是_____和_____。

2.若自定义函数要求返回一个值，则应在该函数体中有一条_____语句，若自定义函数要求不返回一个值，则该函数的类型说明符是_____。

3.函数中的形参和调用时的实参都是数组名时，传递方式为_____，都是基本变量时，传递方式为_____。

4.C语言的库函数包含在扩展名为_____的库文件中，函数的原型说明放在一个或多个扩展名为_____的头文件中。

5.C语言函数分系统提供的_____和_____两大类。

6.已知函数定义：void dothat（int n，double x）{…}，其函数声明的写法为_____

_____。

7.C语言规定可执行程序的开始执行点是_____。

8.在C语言中，如果不对函数作类型说明，则函数的隐含类型为_____。

9.函数定义的一般形式为_____，其中：

（1）类型标识符说明的是_____的类型，也即该函数_____的数据类型。当函数类型为_____时，类型标识符可以省略。

（2）函数的返回值是通过_____语句来实现的。它有两个作用：一是_____；二是_____。它的使用格式是_____，或_____，或_____。每个函数可以有多个返回语句，但一次只有_____个有效。

（3）当函数明确表示不带回任何返回值时，指定函数类型为_____，即_____。

（4）空函数func的表示方法是_____，它是最简单的函数定义。

（5）程序的基本组成单位是_____，在程序中可以有一个或多个函数，但只有一个函数，且各函数的定义在程序中是_____，即不允许函数嵌套_____。

（6）主函数可以出现在程序的任何位置，但程序的开始、结束均在_____。

二、选择题

1.C语言程序的基本单位是（　　　）。

A.程序　　　　　　　　B.语句　　　　　　　C.字符　　　　　　　D.函数

2.下列函数定义不正确的是（　　　）。

```
A.int max ( )           B.int max ( x, y )
  {  int x, y, z;          int x, y;
       z=x; x=y; y=z;      {  int z;
  }                            z=x; x=y; y=z;
                         return ( z ) ; }
```

C.int max（x，y）   D.int max（）

   { int x，y，z；   { }

     z=x；x=y；y=z；

     return（z）；

   }

3.以下叙述中正确的是（   ）。

  A.在C语言中，总从第一个开始定义的函数开始执行

  B.在C语言中，所有调用的别的函数必须在main函数中定义

  C.C语言总是从main函数开始执行

  D.在C语言中，main函数必须放在最前面

4.以下正确的函数声明形式是（   ）。

  A.float fun（int x，int y）   B.float fun（int x，y）

  C.float fun（int x，int y）；   D.float fun（int，int）

5.在C语言中，函数返回值的类型是由（   ）决定的。

  A.调用函数时临时   B.return语句中的表达式类型

  C.调用该函数的主调函数类型   D.定义函数时，所指定的函数类型

6.C语言程序由函数组成，以下说法正确的是（   ）。

  A.主函数可以在其他函数之前，函数内不可以嵌套定义函数

  B.主函数可以在其他函数之前，函数内可以嵌套定义函数

  C.主函数必须在其他函数之前，函数内不可以嵌套定义函数

  D.主函数必须在其他函数之前，函数内可以嵌套定义函数

7.函数调用语句f（（x，y），（a，b，c），（1，2，3，4））；中，所含的实参个数是（   ）。

  A.1   B.2   C.3   D.4

8.如果函数的首部省略了函数返回值的类型名，则函数被默认为（   ）。

  A.void类型   B.空类型   C.int类型   D.char类型

9.对于以下递归函数f，调用f（4），其返回值为（   ）。

```
int f（int n）
{  if（n）
     return f（n-1）+n；
   else
     return n；
}
```

  A.8   B.10   C.11   D.12

10.执行下列程序后，变量a的值应为（   ）。

```
int f（int x）
  {return x+3；}
main（）
  {int a=1；
    while（f（a）<10）
```

```
    a++;
}
```
　　A.11　　　　　　　　B.10　　　　　　　C.9　　　　　　　D.7

三、判断题

　　1.形参应与其对应的实参类型一致。　　　　　　　　　　　　　（　　）

　　2.C语言中，void类型的函数可以不用在主调函数中声明。　　　（　　）

　　3.用数组名作函数形参和实参时，应在主调函数和被调函数中分别定义数组。（　　）

　　4.以数组名作为函数参数时，实参数组必须定义为具有确定长度的数组，而形参数组可以不定义长度。　　　　　　　　　　　　　　　　　　　　　　　（　　）

　　5.return语句后面的值不能为表达式。　　　　　　　　　　　　（　　）

　　6.对于不要求带返回值的函数，函数类型必须是void类型。　　（　　）

　　7.数组元素做函数的实际参数，传递的是整个数组。　　　　　（　　）

　　8.在一个函数定义中只能包含一个return语句。　　　　　　　（　　）

　　9.函数调用可以作为一个函数的实参。　　　　　　　　　　　（　　）

　　10.实参可以是常量、变量或表达式。　　　　　　　　　　　　（　　）

四、程序填空

　　1.用函数求x的绝对值。
```
#include "stdio.h"
main ( )
{  int x, y;
   scanf ("%d", &x);

   _____

   printf ("y=%d\n", y);  }
   abs ( a )
   int a;
   {  int b;
      if ( a>=0 )
         b=a;
      else

         _____
         _____

}
```
　　2.一维数组score中有10个学生成绩，求平均成绩。保留两位小数。
```
#include "stdio.h"
main ( )
{  float score[10], aver;
   float average ( float score[] );
   int i;
   printf ("输入10个成绩：\n");

   _____
```

```
                    _____
    printf ("\n") ;
    aver=average (score) ;
    printf (_____, aver) ;
}
float average (arry)
    _____
{   int i;
    float aver;
        _____
    for (i=0; i<10; i++)
        sum+=arry[i];
    aver=_____
        _____
}
```

五、阅读程序，写程序结果

```
1.#include "stdio.h"
  main ( )
  {   int a, b;
      a=6; y=8;
      a (a, b) ;
  }
  a (aa, bb)
  int aa, bb;
  {   int c;
        c=aa+bb;
        printf ("%d+%d=%d\n", aa, bb, c) ;
  }
  程序结果：_____。
2.#include "stdio.h"
  main ( )
  {   int x, y, z;
       printf ("输入两个数：") ;
      scanf ("%d, %d", &x, &y) ; //输入75, 78
      z=min (x, y) ;
      printf ("minnum=%d", z) ;
  }
      max (a, b)
      int a, b;
      {   f (a<b)
            return (a) ;
          else
```

```
        return（b）;
    }
```

程序结果：________________。

3.
```
#include "stdio.h"
func（int n）
{  int i, j, k;
   i=n/100;
   j=n/10-i*10;
   k=n%10;
   if（i*100+j*10+k == i*i*i+j*j*j+k*k*k）
      return n;
   return 0;
}
main（）
{  int n, k;
   for（n=100; n<1000 ; n++）
      if（k=func（n））
         printf（"%d", k）;
}
```

程序结果：________________。

六、编写程序

1.编写程序，求某整数的平方。要求：在主函数中输入一个数，然后调用pf（）函数，并返回平方值输出，在pf（）函数中求该数的平方。

2.写一个判断是否闰年的函数，在主函数中输入一个年份，输出是否闰年的信息。

NO.2　[模块练习　模块二]

变量的作用域

一、填空题

1.在一个函数内部定义的变量称为________，它的作用范围是________，主函数（例外或不例外）________。

2.在函数之外定义的变量称为________________，它的作用范围是________________________。

3.在不同函数中的局部变量（可以或不可以）________同名，全局变量和局部变量（可以或不可以）________同名，此时，在局部变量的作用范围内，全局变量（有效或无效）________。

4.有以下程序，请填空：

```
#include "stdio.h"
int a=10;                                    （1）
main ( )                                     （2）
{   a++;                                      （3）
    f1 ( ) ;                                  （4）
    printf ("%d\n", a) ; }                    （5）
f1 ( )                                        （6）
{   int a=20;                                 （7）
    printf ("%d\n", a) ;                      （8）
    f2 ( ) ; }                                （9）
f2 ( )                                        （10）
{   a++;                                      （11）
    printf ("%d\n", a) ; }                    （12）
```

（1）第一行的变量a称为_____。

（2）主函数中的变量a与f1 ( ) 中的变量a是否相同_____。

（3）主函数中的变量a与f2 ( ) 中的变量a是否相同_____。

（4）f1与f2中的变量a是否相同_____。

（5）运行结果：_____。

二、选择题

1.C语言中形式参数的作用范围是（   ）。

  A.其所在的函数内   B.整个程序

  C.main 函数内   D.从形式参数定义起到程序结束

2.在一个源文件中定义的全局变量的作用域为（   ）。

  A.本文件的全部范围   B.本程序的全部范围

  C.本函数的全部范围   D.从定义该变量的位置开始至本文件结束

3.执行下列语句后，程序的运行结果为（   ）。

```
int a=10;
f ( )
{   a=12; }
main ( )
{   f ( ) ;
    printf ("%d", a) ;
}
```

  A.10   B.12   C.0   D.不确定

4.以下说法中不正确的是（   ）。

  A.主函数main中定义的变量在整个文件或程序中有效

  B.不同的函数中可以使用相同名字的变量

  C.形式参数是局部变量

  D.在一个函数内部，可以在复合语句中定义变量，这些变量只在本复合语句中有效

5.下列程序的结果为（　　　）。

```
#include "stdio.h"
change ( int x, int y )
{   int t;
    t=x；x=y；y=t；
}
main ( )
{   int x=2, y=3;
    change ( x, y ) ;
    printf ( "x=%d, y=%d\n", x, y ) ;
}
```

　A.x=3, y=2　　　　　B.x=2, y=3　　　　　C.x=2, y=2　　　　D.x=3, y=3

6.以下不正确的描述为（　　　）。

　A.在函数之外定义的变量为外部变量，外部变量是全局变量

　B.在函数中既可以使用本函数中的局部变量，又可以使用全局变量

　C.若在同一个源文件中，外部变量与局部变量同名，则在局部变量的作用范围内，外部变量不起作用

　D.局部变量和全局变量可以同名

7.以下叙述中不正确的是（　　　）。

　A.在不同的函数中可以使用相同名字的变量

　B.函数中的形式参数是局部变量

　C.在一个函数内定义的变量只在本函数范围内有效

　D.在一个函数内的复合语句中定义的变量在本函数范围内有效

8.以下程序的输出结果是（　　　）。

```
#include "stdio.h"
int power ( int x, int y ) ;
main ( )
{   float a=2.6, b=3.4;
    int p;
    p=power ( ( int ) a, ( int ) b ) ;
    printf ( "%d\n", p ) ;
}
int power ( int x, int y )
{   int i, p=1;
    for ( i=y; i>0; i-- )
        p=p*x;
    return p;
}
```

　A.8　　　　　　　　　B.9　　　　　　　　　C.27　　　　　　　　　D.81

9.以下说法中不正确的是（　　　）。

　A.主函数中定义的变量只在主函数内部有效

B.形式参数是局部变量

C.在函数内部定义的变量只在本函数范围内有效

D.当全局变量与局部变量同名时，局部变量不起作用

10.当全局变量与函数内部的局部变量同名时，则在函数内部（　　　）。

A.全局变量有效　　　　　　　　　B.局部变量有效

C.全局变量与局部变量都有效　　　D.全局变量与局部变量都无效

三、判断题

1.形参不是局部变量。　　　　　　　　　　　　　　　　　　　　　（　　　）

2.不同函数中定义的变量，其作用范围都限制在各自的函数内，在内存中占据的存储单元也各不相同。　　　　　　　　　　　　　　　　　　　　　　　　　（　　　）

3.在有参函数中，定义函数中指定的形参变量在整个程序一开始执行时便分配内存单元。　　　　　　　　　　　　　　　　　　　　　　　　　　　　　　（　　　）

4.除了利用实际参数和形式参数在各函数之间传递数据外，利用全局变量，也可以在各函数间传递数据。　　　　　　　　　　　　　　　　　　　　　　　　（　　　）

5.在C语言中，形式参数只是局限于所在函数。　　　　　　　　　　（　　　）

6.在同一源文件中，外部变量与局部变量同名时，则在局部变量的作用范围内，外部变量不起作用。　　　　　　　　　　　　　　　　　　　　　　　　（　　　）

7.全局变量在程序的全部执行过程中都占用存储单元。　　　　　　　（　　　）

8.在同一文件中，外部变量与局部变量同名。在局部变量的作用范围内，外部变量的值等于局部变量的值。　　　　　　　　　　　　　　　　　　　　　　　（　　　）

9.当全局变量与函数内部的局部变量同名时，则在函数内部全局变量有效。（　　　）

10.全局变量的作用范围是从程序开始到程序结束。　　　　　　　　　（　　　）

四、程序填空

1.编写一个函数fun，用于判断一个整数能否同时被3和4整除，如能则在主函数中输出"yes!"，否则输出"no!"。

```
#include "stdio.h"
fun ( int y )
{   int p=0;
    if (_____)
       p=1;
    return ( p ) ;
}
main ( )
{   int x;
    scanf ( "%d", &x ) ;
    if (_____)
       printf ( "yes! " ) ;
    else
```

```
        printf ("no! ");
    }
```

2.键盘任意输入3个正整数a，b，c，其中第一个数a一定不是最大的，要求从大到小输出这3个数。

```
#include "stdio.h"
main ( )
{   int a, b, c, d, e, f;
    scanf ("%d, %d, %d", &a, &b, &c);
    d=_____;
    e=max (a, b) +max (a, c) -d;
    f=_____;
    printf ("由大到小分别是: %d, %d, %d", d, e, f);
}
max ( int x, int y)
{   if (x>y)
        return x;
    else
        return y;
}
```

五、阅读程序，写程序结果

```
1.#include "stdio.h"
  main ( )
  {   int n;
      printf ("输入一个数: ");
      scanf ("%d", &n);
      s (n);
      printf ("n=%d\n", n);
  }
  s (int n)
  {   int  m;
      for (m=n-1; m>=1; m--)
          n=n+m;
      printf ("n=%d\n", n);
  }
```
输入一个数5，程序结果: _____。

```
2.#include "stdio.h"
  main ( )
  {   int a=10, b=30, k;
      k=a+b;
      {   int k=50;
          if (a=20)
```

```
        printf ("%d\n", k);
    }
        printf ("%d\n%d\n", a, k);
}
```
程序结果： _____。

3.
```
#include "stdio.h"
func (int a, int b)
{   int m=0, i=2;
    i+=m+1;
    m=i+a+b;
    return (m);
}
main ()
{   int k=4, m=1, p1, p2;
    p1=func (k, m);
    p2=func (k, m);
    printf ("%d, %d\n", p1, p2);
}
```
程序结果： _____。

六、编写程序

已有变量定义和函数调用语句int a, b; b=sum (a); , 函数sum用来求1+2+3+…+ n, 请编写sum函数。

[单元综合练习]

NO.1

实现模块化程序设计综合练习1

一、填空题（总分30分，每空2分）

1.函数调用的一般形式是_____，不带回返回值的函数调用语句的一般形式是_____，带回返回值的函数调用语句的一般形式是_____。

2.在调用用户自定义函数以前，应该在主调函数中对被调函数进行_____，其一般形式为_____。但在以下几种情况下，可以不对被调用函数作类型说明：被调用函数的返回值是_____型或_____型；被调用函数的定义出现在主调函数之（前或后）_____；在所有函数定义之（前或后）_____已说明了函数的类型。

3.函数返回值和定义的类型应保持一致，若两者不一致，则以_____为准，自动进行类型转换。

4.C语言函数的参数有形参和实参两种，其中，实参出现在主调用函数中，可以是＿＿＿＿＿＿＿＿＿＿＿、＿＿＿＿＿＿＿＿＿＿或表达式，且其值必须（确定或不确定）＿＿＿＿＿＿＿＿＿＿；形参出现在被调函数中，它只能是＿＿＿＿＿＿＿＿＿＿量。

5.C语言程序中，若对函数类型未加显示说明，则函数的隐含类型为＿＿＿＿＿＿＿＿类型。

二、选择题（总分30分，每题3分）

1.以下说法中正确的是（　　　　）。

　A.C语言程序是由一个或多个函数组成，其中必须有一个主函数

　B.一个C语言文件至少应有一个主函数

　C.所有C语言函数都有返回值

　D.C语言程序中，main函数必须放在其他函数之后

2.以下正确的函数定义是（　　　　）。

　A.double　fun（int x, int y）;　　　　B.fun（int x, y）
　　　{ int z;　　　　　　　　　　　　　　　{ int　z; return z; }
　　　　z=x+y; return z; }

　C.double　fun（int x, int y）;　　　　D.double　fun（x, y）
　　　{ double z;　　　　　　　　　　　　　int x, y;
　　　　z=x+y; return z; }　　　　　　　　{ double z;　z=x+y; return z; }

3.关于return语句，正确的说法是（　　　　）。

　A.不可以在同一个函数中出现多次　　　B.必须在每个函数中出现

　C.在主函数和其他函数中均可出现　　　D.只能在除主函数之外的函数中出现一次

4.在C语言中，调用一个函数时，当形参是变量名时，实参和形参之间的数据传递是（　　　　）。

　A.单纯值传递

　B.单纯地址传递

　C.值传递和地址传递都有可能

　D.由实参传给形参，然后由形参传回给实参，即双向传递

5.在C语言中，下列关于变量作用域的叙述正确的是（　　　　）。

　A.函数体内定义的变量为全局变量　　　B.函数的形式参数是全局变量

　C.函数体内外不能定义同名的变量　　　D.在所有函数之外定义的变量为全局变量

6.如果在一个函数中的复合语句中定义了一个变量，则该变量的作用范围为（　　　　）。

　A.在该函数中有效　　　　　　　　　　B.在该复合语句中有效

　C.在main函数中有效　　　　　　　　　D.在该程序中有效

7.C语言允许函数值类型缺省定义，此时该函数值隐含的类型是（　　　　）。

　A.float　　　　　　　B.int　　　　　　　C.long int　　　　　　　D.void

8.调用一个函数，且此函数中无return语句，则正确的说法是（　　　　）。

　A.没有返回值　　　　　　　　　　　　B.返回若干个系统默认值

　C.能返回一个用户所希望的函数值　　　D.返回一个不确定的值

9.执行下列程序后，变量 i 的值应为（　　　　）。

```
int ma ( int x, int y )
  {   return x*y;   }
main (    )
  {  int i;
     i = 5;
     i = ma ( i, i-1 ) -7;
  }
```

   　　A.13　　　　　　　　B.17　　　　　　　　C.19　　　　　　　D.以上都错

10.以下说法中正确的是（　　　）。

　　A.形参是全局变量，其作用范围仅限于函数内部

　　B.形参是全局变量，其作用范围从定义之处到文件结束

　　C.形参是局部变量，其作用范围仅限于函数内部

　　D.形参是局部变量，其作用范围从定义之处到文件结束

三、程序填空（总分15分，每空3分）

1.用函数求（a+b）/2-（a-b）/2的值。

```
#include "stdio.h"
main ( )
{  float a, b, c;
   _____
      scanf ( "%f%f", &a, &b ) ;
      c=sum ( a, b ) ;
      printf ( "%f", c ) ;
   }
   float sum ( x, y )
   float x, y;
   {  float  z;
      z=_____
         _____
   }
```

2.输入n的值，计算并输出1*1+2*2+3*3+4*4+5*5+…+n*n的值。要求编写函数f求平方和。

```
#include "stdio.h"
main ( )
{  int n, sum;
   n=5;
   _____;
   printt ( "%d的平方和是： %d\n", n, sum ) ;
}
int f ( int x )
{  int j, z=0;
   for ( j=1; j<=x; j++ )
```

_____;
```
    return z;
}
```

四、阅读程序，写程序结果（总分15分，每题5分）

```
1.#include "stdio.h"
  main ( )
  {  char ch, mn;
     char ls ( char ) ;
     scanf ( "%c", &ch ) ;
     mn=ls ( ch ) ;
     printf ( "输入为%c\n输出为%c\n", ch, mn ) ;
  }
  char ls ( ch1 )
  char ch1;
  {  if ( ch1>='A'&&ch1<='z' )
        ch1+=32;
     else if ( ch1>='a'&&ch1<='z' )
           ch1-=32;
        return ( ch1 ) ;
  }
```
输入D<CR>，程序结果：_____。

```
2.#include "stdio.h"
  void ps ( int n )
  {  int m;
     for ( m=1; m<=n; m++ )
        printf ( "%c", '*' ) ;
     printf ( "\n" ) ;
  }
  void pm ( )
  {  printf ( "How are you!\n" ) ;
  }
  main ( )
  {  ps ( 6 ) ;
     pm ( ) ;
     ps ( 8 ) ;
  }
```
程序结果：_____。

```
3.#include "stdio.h"
  main ( )
  {  float  x, y, a;
     float  mul ( float, float ) ;
```

```
    scanf ("%f, %f", &x, &y);
    a=mul (x, y);
    printf ("a=%f\n", a);
}
float mul (float x, float y)
{   float z1, z2;
    float sum (float);
    z1=sum (x);
    z2=sum (y);
    return (z1*z2);
}
float  sum (float z)
{   return (z+0.5);   }
```

输入2.5, 3.5；程序结果：_____。

五、编写程序（总分10分）

编写程序，输入50个学生的成绩，求最高分、最低分，并按从高到低排序。要求：在主函数中输入、输出，在jz（ ）函数中求最高分和最低分，在sort（ ）函数中排序。

[单元综合练习]

实现模块化程序设计综合练习2

一、填空题（总分30分，每空2分）

1.在函数的参数传递中，当基本数据类型作为函数参数时，形参和实参占（相同或不相同）_____的存储单元，实参向形参的数据传递是_____，即只能由实参传给形参，而不能由形参传回来给实参。

2.以数组名作为函数参数时，由于数组名代表数组的_____，因此，实参向形参传递的是_____，即实参数组和形参数组占（相同或不相同）_____的存储单元，且实参数组和形参数组要求_____一致。

3.C语言函数返回类型的默认定义类型是_____。

4.函数的实参传递到形参有两种方式：_____和_____。

5.在一个函数内部调用另一个函数的调用方式称为_____。在一个函数内部直接或间接调用该函数成为函数_____的调用方式。

6.C语言变量按其作用域分为_____和_____。按其生存期分为_____和_____。

二、选择题（总分30分，每题3分）

1.若用数组作为函数调用的实参，传递给形参的是（　　）。

  A.数组的首地址　　　　　　　　　B.数组第一个元素的值

  C.数组中全部元素的值　　　　　　D.数组元素的个数

2.下列函数调用中，不正确的是（　　）。

  A.max（a，b）；　　B.max（3，a+b）；　　C.max（3，5）；　　D.int max（a，b）；

3.下列对C语言函数的有关描述中，正确的是（　　）。

  A.在C语言中调用函数时，若函数参数为简单变量，则只能将实参的值传给形参，形参的值不能传给实参

  B.函数必须有返回值，否则不能使用函数

  C.C程序中有调用关系的所有函数必须放在同一源程序文件中

  D.调用函数前必须先声明

4.执行下列程序后，变量a的值应为（　　）。

```
f1（float x）
{  return x+1.3；}
main（）
{  float a；
   a=f1（2.4）；
}
```

  A.3.7　　　　　　　　B.3　　　　　　　　C.4　　　　　　　　D.不确定

5.下列函数的类型为（　　）。

```
f（double x）
{  printf（"%d\n"，x）；}
```

  A.实型　　　　　　　B.void类型　　　　　C.int类型　　　　　D.A，B，C均不正确

6.执行下列语句后，a的值为（　　）。

```
int a=12，b=7；
m（int a，int b）
{  a=b；}
main（）
{  m（a，b）；  }
```

  A.0　　　　　　　　B.1　　　　　　　　C.12　　　　　　　　D.7

7.下列程序结构中，不正确的是（　　）。

```
A.main（）                      B. main（）
  {float a，b，c；                 {float a，b，c；
   scanf（"%f，%f"，&a，&b）；       scanf（"%f，%f"，&a，&b）；
   c=add（a，b）；                  c=add（a，b）；
    ……                            ……
  }                              }
   int add（float x，float y）      float add（float x，float y）
```

{...}
    C.float add（float x，float y）;
      main（）
      {float a，b，c；
      scanf（"%f，%f"，&a，&b）;
      c=add（a，b）;
      ......
      }
      float add（float x，float y）
      {...}

    D.float add（float x，float y）
      {...}
      main（）
      {float a，b，c；
      scanf（"%f，%f"，&a，&b）;
      c=add（a，b）;
      ......
      }

8.以下正确的函数声明形式是（　　　）。

    A.double　fun（int　x，int y）{};
    B.double　fun（int　x；int y）;
    C.double　fun（int　；int　）{};
    D.double　fun（int　，int　）;

9.C语言函数返回值的类型是由（　　）决定的。

    A.调用该函数的主调函数类型
    B.定义函数时所指定的函数类型
    C.return语句中的表达式类型
    D.以上都错

10.以下说法中正确的是（　　　）。

    A.一个函数在它的函数体内调用它自身称为嵌套调用

    B.一个函数在它的函数体内调用它自身称为递归调用，这种函数称为递归函数

    C.一个函数在它的函数体内调用其他函数称为递归调用，这种函数称为递归函数

    D.一个函数在它的函数体内不能调用自身

三、程序填空（总分15分，每空3分）

1.计算代数式：|25|-|-17|+|-39|的值。

```
#include "stdio.h"
main（）
{
    printf（_____）;
}
abs（int X）
{   if（X<0）
    _____;
    return X;
}
```

2.某汽车公司生产汽车，1月份生产了10辆，以后每个月的产量是上一个月的产量减2辆，再翻一番，试计算该公司上半年的汽车总产量。

```
#include "stdio.h"
main（）
{   int i，s，p；
```

```
                    _____;
    for ( i=2; i<=6; i++ )
    {  _____;
        s+=p;
    }
    printf ("s=%d", s );
}
int f ( int a )
{
    _____;
}
```

四、阅读程序，写程序结果（总分15分，每题5分）

```
1.#include "stdio.h"
  int fac ( n )
  int n;
  {  int f=1;
     f=f*n*2;
     return ( f );
  }
  main ( )
  {  int i, j;
     for ( i=1; i<=5; i++ )
         printf ("%d", fac ( i ) );
  }
```
  程序结果：_____。
```
2.#include "stdio.h"
  main ( )
  {  int a;
     scanf ("%d", &a );
     printf ("%d", ss ( a ) );
  }
  ss ( int n )
  {  int s;
     if ( n>1 )
         s=ss ( n-1 ) +n;
     else
         s=1;
     return ( s );
  }
```

输入10<CR>，程序结果：＿＿＿＿＿＿＿＿＿＿＿。

3.#include "stdio.h"

```
main ( )
{ int a, b;
    scanf ( "%d, %d", &a, &b ) ;
    swap ( a, b ) ;
    printf ( "a=%d\nb=%d\n", a, b ) ;
}
swap ( int a, int b )
{ int t;
    t=a; a=b; b=t;
}
```

输入10，20，程序结果：＿＿＿＿＿＿＿＿＿＿＿＿＿。

五、编写程序（总分10分）

求方程$ax^2+bx+c=0$的根，用3个函数分别求当b^2-4ac大于0、等于0和小于0时的根并输出结果。从主函数输入a，b，c的值。

[单元检测题]

实现模块化程序设计单元检测题1

一、填空题（总分20分，每空2分）

1.已知函数定义：void dothat (int n, double x) {....}，其函数声明的两种写法为＿＿＿＿＿＿＿＿＿＿，＿＿＿＿＿＿＿＿＿＿＿＿＿＿。

2.下列函数调用语句含有实参的个数为＿＿＿＿＿＿＿＿＿＿＿。
func ((exp1, exp2), (exp3, exp4, exp5));

3.凡在函数中未指定存储类别的局部变量，其默认的存储类别为＿＿＿＿＿＿＿＿＿。

4.在一个C程序中，若要定义一个只允许本源程序文件中所有函数使用的全局变量，则该变量需要定义的存储类别为＿＿＿＿＿＿＿＿＿＿＿＿＿＿。

5.变量被赋初值可以分为两个阶段：即＿＿＿＿＿＿＿＿＿＿＿＿＿＿＿＿和＿＿＿＿＿＿＿＿＿＿＿＿＿＿＿。

6.在使用自定义函数编程时，当数组名做实参使用时，此时向函数传递的是＿＿＿＿＿＿＿＿＿＿＿＿＿。

7.在调用一个函数的过程中又出现直接或间接地调用该函数本身，则称该函数为＿＿＿＿＿＿＿＿＿＿。如果在定义局部变量时省略了存储类别符，则默认的类型是＿＿＿＿＿＿＿＿＿＿＿＿＿＿。

二、选择题（总分30分，每题3分）

1.以下说法中正确的是（　　　）。

　A.定义函数时，形参的类型说明可以放在函数体内

　B.return后面的值不能为表达式

　C.如果函数值的类型与返回值的类型不一致，以函数值类型为准

　D.如果形参与实参的类型不一致，以实参为准

2.在C语言中，以下正确的说法是（　　　）。

　A.当函数的参数为简单变量时，实参和与其对应的形参各占用独立的存储单元

　B.当函数的参数为简单变量时，实参和与其对应的形参共占用一个存储单元

　C.形参是虚拟的，不占用存储单元

　D.形参是虚拟的，占用不固定的存储单元

3.下列程序的执行结果为（　　　）。

```
#include "stdio.h"
float f1（float x）
{　int k=2;
　　k=k*x;
　　return k; }
main（ ）
{　float b=4.3;
　　printf（"%.f", f1（b）); 　}
```

　A.8.6　　　　　　　B.9.0　　　　　　　C.8.0　　　　　　　D.8

4.以下说法中正确的是（　　　）。

　A.主函数中定义的变量是全局变量，其作用范围仅限于函数内部

　B.主函数中定义的变量是全局变量，其作用范围从定义之处到文件结束

　C.主函数中定义的变量是局部变量，其作用范围仅限于函数内部

　D.主函数中定义的变量是局部变量，其作用范围从定义之处到文件结束

5.调用C语言函数时，实参不可以是（　　　）。

　A.常量　　　　　　B.变量　　　　　　C.表达式　　　　　　D.void

6.以下正确的函数定义是（　　　）。

```
　A.double　fun（int x, int y）;          B.fun（int x, y）
　　　{int z;                                {int　z; return z; }
　　z=x+y; return z; }

　C.double　fun（int x, int y）           D.double　fun（x, y）
　　　{double　z;                            {int　x, y;
　　z=x+y; return z; }                     double　z;
                                           z=x+y; return z; }
```

7.定义为void类型的函数，其含义是（　　　）。

　A.调用函数后，被调用的函数没有返回值

　B.调用函数后，被调用的函数不返回

　C.调用函数后，被调用的函数的返回值为任意的类型

D.以上3种说法都是错误的

8.下列说法中正确的是（　　　　）。

A.调用函数时，实参变量与形参变量可以共用内存单元

B.调用函数时，实参的个数、类型和顺序与形参可以不一致

C.调用函数时，形参可以是表达式

D.调用函数时，将为形参分配内存单元

9.下列语句中，不正确的是（　　　　）。

A.c=2*max（a，b）；　　　　　　　　B.m=max（a，max（b，c））；

C.printf（"%d", max（a，b））；　　　D.int max（int x，int max（int y，int z））

10.下面叙述不正确的是（　　　　）。

A.在函数中，通常用return语句传回函数值

B.在函数中，可以有多条return语句

C.在C语言中，主函数main后的一对圆括号中也可以带有形参

D.在C语言中，调用函数必须在一条独立的语句中完成

三、程序填空（总分15分，每空3分）

1.以下程序的功能是调用函数fun计算1-2+3-4+…-n的值，并输出结果。

```
#include "stdio.h"
int fun（int n）
{  int s=0, e, i;
      _____
      for（i=1；i<=n；i++）
      {   s+=i*e;
          _____
      }
return s;
}
main（）
{   int n;
    scanf（"%d", &n）
    printf（"result is %d\n", _____）;
}
```

2.计算s=1+22+33+44。

```
#include "stdio.h"
int f（int x）
{   int j, t=1;
    for（j=l；j<=x；j++）
        _____;
    return t;
}
```

```
main ( )
{  int s, i;
   s=0;
   for ( i=1; i<=4; i++ )
      s+=_____ ;
   printf ( "%d \ n", s ) ;
}
```

四、阅读程序，写程序结果（总分18分，每题6分）

```
1.#include "stdio.h"
  int i;
  main ( )
  {  int a=5, b=10;
     printf ( "%d, %d, %d\n", i, a, b ) ;
     oth ( ) ;
     printf ( "%d, %d, %d\n", i, a, b ) ;
  }
  oth ( )
  {  int a=10, b=20;
     a+=10; b-=8;
     i+=5;
     printf ( "%d, %d, %d\n", i, a, b ) ;
  }
  程序结果：_____。
2.#include "stdio.h"
  main ( )
  {  fun ( ) ;
     fun ( ) ;
  }
  fun ( )
  {  int a[3]={0, 1, 2};
     int m;
     for ( m=0; m<3; m++ )
       a[m]+=a[m];
     for ( m=0; m<3; m++ )
       printf ( "%d", a[m] ) ;
     printf ( "\n" ) ;
  }
  程序结果：_____。
3.#include "stdio.h"
  int k=1;
```

```
    void fuc ( int m )
    {  m+=k;
       k+=m;
       {  char k='B';
          printf ( "%d, ", k-'A' ) ;
       }
       printf ( "%d, %d, ", m, k ) ;
    }
    main ( )
    {  int i=4;
       fuc ( i ) ;
       printf ( "%d, %d\n", i, k ) ;
    }
```

程序结果：_____。

五、编写程序（总分17分，第1题7分，第2题10分）

1.已有变量定义和函数调用语句double a=5.0；int n=5；和函数调用语句mypow（a, n）；用来求a的n次方。请编写mypow函数。

double mypow (double x, int y) {　　}

2.编写一个函数，实现输入3个整数后由大到小输出。主函数包括输入输出和调用该函数。

[单元检测题]

实现模块化程序设计单元检测题2

一、填空题（总分20分，每空2分）

1.C语言规定，可执行程序的开始执行点是_____。

2.在C语言中，一个函数一般由_____和_____两个部分组成。

3.定义数组int a[ ]={10, 20}；，函数swap（int x, int y）可完成对x和y值的交换。在运行调用函数后，a[0]和a[1] 的值分别为_____，原因_____。

4.定义数组int a[ ]={10, 20}；，函数swap（arr, n）可完成对arr数组从第1个元素到第n个元素两两相邻交换。在运行调用函数后，a[0]和a[1]的值分别为_____，原因_____。

5.返回语句的功能是从_____返回_____。

6.形参是函数的_____变量。

二、选择题（总分30分，每题3分）

1.以下正确的函数定义形式是（　　　　）。

  A.double fun（int x，int y）{ }   B.double fun（int x，int y）

  C.double fun（int x，y）{ }   D.double fun（int x，y）

2.以下函数f返回值是（　　　　）。

f（int x）{return x；}

  A.void类型   B.int类型   C.float类型   D.无法确定返回值类型

3.若用数组名作为函数调用的实参，传递给形参的是（　　　　）。

  A.数组的首地址   B.数组第一个元素的值

  C.数组全部元素的值   D.数组元素的个数

4.程序执行结果为（　　　　）。

```
#include "stdio.h"
f（int x）
{ return x; }
main（）
{ float a=3.14;
  a=f（a）;
  printf（"%.2f\n"，a）; }
```

  A.3   B.3.14   C.3.00   D.0

5.以下程序是嵌套调用的有（　　　　）。

  A.a=f（2）*f（2）;   B.a=sqrt（f2（4）*f（4））;

  C.以上均不是   D.以上均是

6.以下说法中正确的是（　　　　）。

  A.C语言程序总是从第一个定义的函数开始执行

  B.在C语言程序中，要调用的函数必须在main函数中定义

  C.C语言程序总是从main函数开始执行

  D.C语言程序中，main函数必须放在程序的开始部分

7.以下函数调用语句中实际参数的个数是（　　　　）。

fun（x+y，x-y）;

  A.1   B.2   C.4   D.5

8.C语言中的函数（　　　　）。

  A.可以嵌套定义   B.不可以嵌套调用

  C.可以嵌套调用，但不能递归调用   D.嵌套调用和递归调用均可

9.全局变量的有效范围为（　　　　）。

  A.该程序的所有文件   B.从本源文件的开始到结束

  C.该程序的主函数   D.从定义变量的位置开始到本源文件结束

10.下面程序段中，主函数中变量a被初始化为（　　　　）。

```
int f（）
{ return 3.5; }
main（）
```

{ int a=f ( ) ; }
```
A.3.5          B.无确定值          C.3          D.程序出错

## 三、程序填空（总分15分，每空3分）

1.下面程序是求100~200的全部素数（每10个素数输出在一行上）。
```
#include "stdio.h"
int prime (int m)
{ int n;
   for (n=2; n<m; n++)
     if (m%n= =0) _____ ;
        return (1) ;
}
main ( )
{ int m, n=0;
   for (m=100; m<=200; m++)
      if (prime (m))
        printf ("%d", m) ;
        { if (_____)
            printf ("%d\n", m) ;
        }
}
```

2.下面的程序是求24，16的最大公约数。
```
#include "stdio.h"
int abc (int u, int v) ;
main ( )
{ int a=24, b=16, c;
   _____ ;
   printf ("%d\n" , c) ;
}
int abc (int u, int v)
{ int w;
   while (v)
   { _____ ;
      u=v;
      _____ ;
   }
   return u;
}
```

## 四、阅读程序，写程序结果（总分18分，每题6分）

1.
```
#include "stdio.h"
main ( )
{ int a[2];
```
```

```
    scanf ("%d, %d", &a[0], &a[1]);
    swap (a);
    printf ("%d, %d", a[0], a[1]);
}
swap (int a[ ])
{  int t;
    t=a[0]; a[0]=a[1]; a[1]=t;
}
```
输入10，20，程序结果：_____。

2.
```
#include "stdio.h"
int a;
main ( )
{  int b=10;
    a=20;
    ss ( );
    printf ("a=%d, b=%d\n", a, b);
}
ss ( )
{  int b;
    a=30；b=20;
}
```
程序结果：_____。

3.
```
#include "stdio.h"
int x, y;
main ( )
{  int n;
    x=1；  y=2;
    n=s ( );
    printf ("x=%d, y=%d, n=%d\n", x, y, n);
}
s ( )
{  int z;
    x=3；  y=4;
    z=x+y;
    return (z);
}
```
程序结果：_____。

五、编写程序（总分17分，第1题7分，第2题10分）

1.已有变量定义和函数调用语句：int x=57; isprime (x)；，函数isprime ( )用来判断一个整型数a是否为素数，若是素数，函数返回1，否则返回0。请编写isprime函数。

2.编写一个函数计算输入的三位整数的各位数字之和。主函数包括输入输出和调用该函数。

第五单元

文件操作

知识内容概述

本单元主要描述了文件的基本概念和文件的作用。然后用C语言实现对文件的基本操作，包括文件的打开和读写等最常用的操作。

教学目标

知识要点	了　解	理　解	掌　握	运　用
文件的概念	√			
文件的类型			√	
打开文件			√	
读文件			√	
写文件			√	

[模块练习　模块一、二]

文件概述及使用文件

一、填空题

1.在C语言中进行文件操作时，为了保证程序不会被破坏，要求在文件操作结束时务必要_____。

2.设有以下结构体类型：

struct st

{ char name[6]　　int num; float s[4]; } student[40];

并且结构体数组student中的元素都已有初值，语句fwrite（student，_____，1，fp）将这些元素写到硬盘文件fP中。

3.feof（fP）函数用来判断文件是否结束，如果遇到文件结束，函数值为_____，否则为_____。

4.在C语言中，_____和_____是一对专用于文件中进行整数操作的函数。

5.按文件的编码方式（存储形式）文件分为_____和_____；按文件的内容文件分为_____、_____、_____和源文件。

6.以只读方式打开文件rdme.txt的语句是_____。

7.在程序开始运行时，系统自动打开3个标准文件：_____、_____、_____。

二、选择题

1.当已存在一个abc.txt文件时，执行函数fopen（"abc.txt"，"r+"）的功能是（　　）。

A.打开abc.txt文件，清除原有的内容

B.打开abc.txt文件，只能写入新的内容打开abc.txt文件

C.打开abc.txt文件，只能读取原有内容打开abc.txt文件

D.打开abc.txt文件，可以读取和写入新的内容

2.若用fopen（）函数打开一个新的二进制文件，该文件可以读也可以写，则文件打开模式是（　　）。

A."ab+"　　　　　　　B."wb+"　　　　　　　C."rb+"　　　　　　　D."ab"

3.系统的标准输入文件是指（　　）。

A.键盘　　　　　　　B.显示器　　　　　　　C.软盘　　　　　　　D.硬盘

4.使用fgetc函数该文件的打开方式必须是（　　）。

A.只写　　　　　　　B.追加　　　　　　　C.读或读写　　　　　　　D.B与C正确

5.以读写方式打开一个已有的文件file1，下面有关fopen函数正确的调用方式是（　　）。

A.FILE *fp　　　　　　　　　　　　B.FILE *fp

　fP=fopen（"file1"，"r"）　　　　　　　fp=foden（"file1"，"r+"）

C.FILE *fp   D.FILE *fp

fp=fopen（"file1"，"rb"）   fp=fopen（"file1"，"rb+"）

6.fscanf函数的正确调用形式是（   ）。

A.fscanf（fp，格式字符串，输出表列）；

B.fscanf（格式字符串，输出表列，fp）；

C.fscanf（格式字符串，文件指针，输出表列）；

D.fscanf（文件指针，格式字符串，输入表列）；

7.以下叙述中错误的是（   ）。

A.二进制文件打开后可以先读文件的末尾，而顺序文件不可以

B.在程序结束时，应当用fclose函数关闭已打开的文件

C.在利用fread函数从二进制文件中读数据时，可以用数组名给数组中所有元素读入数据

D.不可以用FILE定义指向二进制文件的文件指针

8.关于文件理解不正确的是（   ）。

A.C语言把文件看成字节的序列，即由一个个字节的数据顺序组成

B.所谓文件一般指存储在外部介质上数据的集合

C.系统自动地在内存区为每一个正在使用的文件开辟一个缓冲区

D.每个打开文件都和文件结构体变量相关联，程序通过该变量中访问该文件

9.利用fread（buffer，size，count，fp）函数可实现的操作（   ）。

A.从fp指向的文件中，将count个字节的数据读到由buffer指出的数据区中

B.从fp指向的文件中，将size*count个字节的数据读到由buffer指出的数据区中

C.以二进制形式读取文件数据，返回值是实际从文件读取数据块的个数count

D.若文件操作出现异常，则返回实际从文件读取数据块的个数

10.检查由fp指定的文件在读写时是否出错的函数是（   ）。

A.feof（）   B.ferror（）   C.clearerr（fp）   D.ferror（fp）

三、判断题

1.FILE 是一种数据类型。   （   ）

2.文件可以是磁盘文件，也可以是表示外设的特殊文件。   （   ）

3.从文件操作属性可将文件分为：只读文件和读写文件。   （   ）

4.从文件信息访问可将文件分为：顺序文件和随机文件。   （   ）

5.所谓"顺序文件"是指文件中内容按写入顺序依次存放，长短不一。因此，该类文件存储结构特别适合于大型文件的存储和访问。   （   ）

6.从文件信息存储可将文件分为：文本文件和二进制文件。   （   ）

7.文件操作步骤包括：打开文件、关闭文件。   （   ）

8.不能同时对同一文件进行读写，必须分开进行。   （   ）

9.进行文本文件操作时，如果保存数值3，则实际保存的是该数值的ASCII码。   （   ）

10.进行二进制操作时，保存字串"ABCD"，则实际保存的是ASCII码。   （   ）

11.进行二进制操作时，如果保存数值3，则实际保存的是该数值的ASCII码。   （   ）

12.进行文件操作时，当试图打开一个并不存在的文件进行读操作时，函数返回一个空指针NULL。   （   ）

四、程序填空

1.以下C语言程序将磁盘中的一个文件复制到另一个文件中，两个文件名在命令行中给出。

```
#include "stdio.h"
main ( int argc, char *argv )
{   FILE *f1, *f2;   char ch;
    if ( argc< _____ )
        {   printf ("Parameters missing!\n") ;
            exit ( 0 ) ;   }
    if (   ( ( f1=fopen ( argv[1], "r" ) ) ==NULL ) || ( ( f2=fopen ( argv[2], "w" ) )
       ==NULL ) )
        {   printf ("Can not open file!\n") ;
            exit ( 0 ) ;
        }
    while ( _____ )
    fputc ( fgetc ( f1 ) , f2 ) ;
    fclose ( f1 ) ;
    fclose ( f2 ) ;
}
```

2.以下程序用来统计文件中字符的个数。

```
#include "stdio.h"
main ( )
{   FILE *fp;
    long num=0;
    if ( ( fp=fopen ("fname.Dat", "r" ) ) ==NULL )
    {   pirntf ("Open error\n") ;
        exit ( 0 ) ;
    }
    while ( _____ )
    {   _____ ;
        num++;
    }
    printf ("num=%d\n" , num−1 ) ;
    _____ ;
}
```

五、阅读程序，写程序结果

1.在C盘下有myfile.c文件。

```
#include "stdio.h"
```

```
    void  main ( )
    {  FILE  *fa;
       if ( ( fa=fopen ("c: \\myfile.c", "r") ) ==NULL )
       {  printf ("\n Cannot open the file! ") ;
          exit ( 0 ) ;  }
          else
          printf (" \n Open! ") ;
    }
```
程序结果：_____。

```
2.#include "stdio.h"
  main ( )
  {  FILE  *fP;
     int i=20,  j=30,  k,  n;
     fp=fopen ("d1.dat", "W") ;
     fprintf ( fp,  "%d\n",  i) ;
     fprintf ( fp,  "%d\n",  j) ;
     fclose ( fp ) ;
     fp=fopen ("d1.dat", "r") ;
     fscanf ( fp,  "%d%d",  &k,  &n) ;
     printf ("%d%d\n",  k,  n) ;
     flose ( fp ) ;
  }
```
程序结果：_____。

六、编写程序

将文件filea.dat的内容复制到文件fileb.dat中。

[单元综合练习]

文件操作综合练习1

一、填空题（总分30分，每空2分）

1.所谓_____，是指文件内容按顺序逐一存放的信息管理方式。

2.文件按信息存储格式可划分为：文本文件和_____。

3.若fp已正确定义为一个文件指针，d1.dat为二进制文件，请在程序空白位置填入适当内容，以便为"读"而打开此文件：

　　　fp=fopen_____。

4.无论哪种文件都有_____和操作属性。

5.从文件操作属性可分为：只读文件和_____。

6.打开文件时，如果文件打开方式采用"wb+"，表示的是_____
_____。

7.在C语言中函数fputc（ ）的原型为：int fputc（int ch，FILE*）;，其功能是_____
_____。

8.在C语言中，_____和_____是一对专用于文件进行数据输入、输出的函数。

9.文件是保存在一个结构体类型的变量中。该结构体类型是由_____定义的，取名为_____。

10.如有 FILE *fp;，那么fp是一个指向FILE类型结构体的_____。

11."_____"（追加）向文本文件尾增加数据。

12.用"_____"方式打开的文件只能用于向计算机输入数据，而且该文件应该已经存在。

13.对于fread，它是读入数据的_____。

二、选择题（总分30分，每题3分）

1.若以"a+"方式打开一个已存在的文件，则以下叙述正确的是（　　　）。

　A.文件打开时，原有文件内容不被删除，位置指针移到文件末尾，可作添加和修改操作

　B.文件打开时，原有文件内容不被删除，位置指针移到文件开头，可作重写和读写操作

　C.文件打开时，原有文件内容被删除，只可作写操作

　D.以上叙述皆不正确

2.关于二进制文件和文本文件描述正确的是（　　　）。

　A.文本文件把每一个字节放成一个ASCII代码的形式，只能存放字符或字符串数据

　B.二进制文件把内存中的数据按其在内存中的存储形式原样输出到磁盘上存放

　C.二进制文件可以节省外存空间和转换时间，不能存放字符形式的数据

　D.一般中间结果数据需要暂时保存在外存上，以后又需要输入内存的，常用文本文件保存

3.系统的标准输入文件操作的数据流向为（　　　）。

　A.从键盘到内存　　　　　　　　　　B.从显示器到磁盘文件

　C.从硬盘到内存　　　　　　　　　　D.从内存到U盘

4.对fwrite（buffer，sizeof（Student），3，fp）函数描述不正确的是（　　　）。

　A.将3个学生的数据块按二进制形式写入文件

　B.将由buffer指定的数据缓冲区内的3* sizeof（Student）个字节的数据写入指定文件

　C.返回实际输出数据块的个数，若返回0值表示输出结束或发生了错误

　D.若由fp指定的文件不存在，则返回0值

5.标准库函数fgets（s，n，f）的功能是（　　　）。

　A.从文件f中读取长度为n的字符串存入指针s所指的内存

　B.从文件f中读取长度不超过n-1的字符串存入指针s所指的内存

　C.从文件f中读取n个字符串存入指针s所指的内存

　D.从文件f中读取长度为n-1的字符串存入指针s所指的内存

6.在C语言中，对文件的存取以（　　　）为单位。

A.记录　　　　　　　　B.字节　　　　　　　　C.元素　　　　　　　　D.簇

7.下面的变量表示文件指针变量的是（　　　）。

A.FILE *fp　　　　　　B.FILE fp　　　　　　C.FILER *fp　　　　　　D.file *fp

8.在C语言中，下面对文件的叙述正确的是（　　　）。

A.用"r"方式打开的文件只能向文件写数据

B.用"R"方式也可以打开文件

C.用"W"方式打开的文件只能用于向文件写数据，且该文件可以不存在

D.用"a"方式可以打开不存在的文件

9.在C语言中，系统自动定义了3个文件指针stdin，stdout和stderr，分别指向终端输入、终端输出和标准出错输出，则函数fputc（ch，stdout）的功能是（　　　）。

A.从键盘输入一个字符给字符变量ch　　　B.在屏幕上输出字符变量ch的值

C.将字符变量的值写入文件stdout中　　　D.将字符变量ch的值赋给stdout

10.下列关于C语言数据文件的叙述中正确的是（　　　）。

A.文件由ASCII码字符序列组成，C语言只能读写文本文件

B.文件由二进制数据序列组成，C语言只能读写二进制文件

C.文件由记录序列组成，可按数据的存放形式分为二进制文件和文本文件

D.文件由数据流形式组成，可按数据的存放形式分为二进制文件和文本文件

三、程序填空（总分15分，每空3分）

1.以下程序由终端输入一个文件名，然后把从终端键盘输入的字符依次存放到该文件中，用#作为结束输入的标志。

```
#include "stdio.h"
main ( )
{  FILE * fp;
   char ch, fname[10];
   printf ("Input the name of file\n") ;
   gets (fname) ;
   if ( (fp=_____ ) ==NULL )
   {  printf ("Cannot open\n") ;
      exit (0) ;
   }
      printf ("Enter data\n") ;
   while (_____)
      fputc (_____, fp) ;
   fclose (fp) ;
}
```

2.以下程序用来统计文件中字符个数。

```
#include "stdio.h"
main ( )
```

```
{ _____

    int  num=0;
    if ( ( fp=fopen ( "fname.dat", "r" ) ) ==NULL )
    {  printf ( "Open error\n" ) ;
        exit ( 0 ) ;
    }
    while ( _____ )
    {  fgetc ( fp ) ;
        num++;
    }
    printf ( "num=%d\n", num−1 ) ;
    fclose ( fp ) ;
}
```

四、阅读程序，写程序结果（总分15分，每题5分）

1.磁盘文件"mydata.txt"中的信息为"hello！"。

```
#include "stdio.h"
void  main ( )
{  FILE  *fp; char c;
    if ( ( fp=fopen ( "mydata.txt", "r" ) ) ==NULL )
    {  printf ( "\n File notexist！" ) ;
    exit ( 0 ) ;
    }
    while ( ( c=fgetc ( fp ) ) !=EOF )
        putchar ( c ) ;
    fclose ( fp ) ;
}
```

程序结果：_____。

2.
```
#include "stdio.h"
  main ( )
  {  FILE  *fp;
      int  i, k, n;
      fp=fopen ( "data.dat", "w+" ) ;
      for ( i=1; i<6; i++ )
        {  fprintf ( fp, "%d", i ) ;
            if ( i%3==0 )   fprintf ( fp, "\n" ) ;
        }
      rewind ( fp ) ;
      fscanf ( fp, "%d%d", &k, &n ) ;
```

```
        printf ("%d %d\n", k, n);
        fclose (fp);
    }
```
   程序结果：_____。
3.#include "stdio.h"
```
   void WriteStr (char *fn, char *str)
   {  FILE *fp;
      fp=fopen (fn, "W");
      fputs (str, fp);
      fclose (fp);
   }
   main ()
   {  WriteStr ("t1.dat", "start");
      WriteStr ("t1.dat", "end");
   }
```
   程序运行后，文件t1.dat中的内容是：_____。

五、编写程序（总分10分）

从键盘任意输入一个数字字串，将该字串中每2个数字合并为1个整数，并将合并结果保存于"abc.txt"中，再从文件中读出。

[单元综合练习]

文件操作综合练习2

一、填空题（总分30分，每空2分）

1.在打开文件时，如果文件打开方式采用"rb+"，表示的是_____。

2.在C语言中函数fgets ( ) 的原型为：char *fgets (char *str, int num, FILE *); ，其功能是_____。

3.在C语言中，_____和_____是一对专用于文件进行块读写的函数。

4.在一个函数内部调用另一个函数的调用方式称为_____。在一个函数内部直接或间接调用该函数成为函数_____的调用方式。

5.C语言变量按其作用域分为_____和_____。按其生存期分为_____和_____。

6._____是存储在外部存储介质上的信息的集合。

7._____文件，以数据在内存中的形式原样存于磁盘。

8.每个被使用的文件都在_____中开辟一个区域，用来存放文件的有关信息。

9.文件保存在一个_____类型的变量中。

10.如果有两个文件，一般应设_____个指针变量。

二、选择题（总分30分，每题3分）

1.若有语句：fopen（"test.txt", "r+"），则其功能是（　　）。

A.打开test.txt文件，删除文件原有数据

B.打开test.txt文件，读取文件内容，并允许写入数据

C.打开test.txt文件，只读取文件内容，但不能写入数据

D.打开test.txt文件，只能写入数据，但不能读出文件内容

2.以下叙述中错误的是（　　）。

A.二进制文件打开后可以先读文件的末尾，而顺序文件不可以

B.在程序结束时，应当用fclose函数关闭已打开的文件

C.利用fread函数从二进制文件中读取数据，可以用数组名给数组中所有元素读入数据

D.不可以用FILE定义指向二进制文件的文件指针

3.指向某文件的指针fp，且已读到此文件末尾，则库函数feof（fp）的返回值是（　　）。

A.EOF　　　　　　　B.0　　　　　　　C.非零值　　　　　　D.NULL

4.以下叙述中不正确的是（　　）。

A.C语言中的文本文件以ASCII码形式存储数据

B.C语言中对二进制位的访问速度比文本文件快

C.C语言中，随机读写方式不使用于文本文件

D.C语言中，顺序读写方式不使用于二进制文件

5.下列程序段的功能是（　　）。

```
#include "stdio.h"
main（）
{ char s1;
s1=putc（getc（stdin）, stdout）; }
```

A.从键盘输入一个字符给字符变量s1

B.从键盘输入一个字符，然后再输出到屏幕

C.从键盘输入一个字符，然后在输出到屏幕的同时赋给变量s1

D.在屏幕上输出stdout的值

6.用如下方法打开一个文件，其中函数exit（0）的作用是（　　）。

```
if（（fp=fopen（"file1.c", "r"））==NULL）
{ printf（"cannot open this file \n"）;
  exit（0）; }
```

A.退出C语言环境

B.退出所在的复合语句

C.当文件不能正常打开时，关闭所有的文件，并终止正在调用的过程

D.当文件正常打开时，终止正在调用的过程

7.执行如下程序段，则磁盘上生成的文件的全名是（　　）。

```
#include "stdio.h"
FILE *fp;
```

```
fp=fopen ("file", "W");
```
    A.file   B.file.c   C.file.dat   D.file.txt

8.内存与磁盘频繁交换数据的情况下，对磁盘文件的读写最好使用的函数是（　　　　）。

    A.fscanf, fprintf   B.fread, fwrite   C.getc, putc   D.putchar, getchar

9.在C语言中若按照数据的格式划分，文件可分为（　　　　）。

    A.程序文件和数据文件   B.磁盘文件和设备文件

    C.二进制文件和文本文件   D.顺序文件和随机文件

10.在C语言中，文件型指针是（　　　　）。

    A.一种字符型的指针变量   B.一种结构型的指针变量

    C.一种共用型的指针变量   D.一种枚举型的指针变量

三、程序填空（总分15分，每空3分）

1.以下程序把从终端读入的文本（用@作为文本结束标志）输出到一个名为bi.dat的新文件中。

```
#include "stdio.h"
main ()
{  FILE *fp;
   char ch;
   if ( ( fp=fopen ( _____ ) ) ==NULL )
      exit (0) ;
   while ( ( ch=getchar ( ) ) !='@' )
      fputc ( _____ ) ;
   fclose (fp) ;
}
```

2.以下程序的功能是将文件file1.c的内容输出到屏幕上并复制到文件file2.c中。

```
#include "stdio.h"
main ()
{  _____ ;
   fp1= fopen ("file1.c", "r") ;
   fp2= fopen ("file2.c", "W") ;
   while (!feof (fp1) )
      putchar (getc (fp1) ) ;
   _____ ;
   while (!feof (fp1) )
      _____ ;
   fclose (fp1) ;
   fclose (fp2) ;
}
```

四、阅读程序，写程序结果（总分15分，每题5分）

```
1.#include "stdio.h"
  main ()
```

```
{   FILE *fp;
    int i=20, j=30, k, n;
    fp=fopen ("d1.dat", "W") ;
    fprintf ( fp, "%d\n", i) ;
    fprintf ( fp, "%d\n", j) ;
    fclose ( fp) ;
    fp=fopen ("d1.dat", "r") ;
    fscanf ( fp, "%d%d", &k, &n) ;
    printf ("%d%d\n", k, n) ;
    fclose ( fp) ;
}
```

程序结果：_____。

2.已有文本文件test.txt，其中的内容为：Hello, everyone!。以下程序中，文件test.txt已正确为"读"而打开，由文件指针fr指向该文件。

```
#include "stdio.h"
main ( )
{   FILE *fr; char str[40];
    …
    fgets ( str, 5, fr) ;
    printf ( "%s\n", str) ;
    fclose ( fr) ;
}
```

程序结果：_____。

```
3.#include "stdio.h"
  #define LEN 20
  main ( )
  {   FILE *fp;
      char s1[LEN], s0[LEN];
      if ( ( fp=fopen ("try.txt", "W") ) ==NULL )
      {   printf ("Cannot open file!\n") ;
          exit (0) ;    }
      printf ("fputs string: ") ;
      gets (s1) ;    //输入testing
      fputs (s1, fp) ;
      if ( ferror ( fp) )
          printf ("\n errors processing file try.txt\n") ;
      fclose ( fp) ;
      fp=fopen ("try.txt", "r") ;
      fgets (s0, LEN, fp) ;
```

```
        printf ( "fgets string: %s\n", s0 ) ;
        fclose ( fp ) ;
    }
```
程序结果：_____。

五、编写程序（总分10分）

从键盘输入一行字符串，将其中的小写字母全部变成大写字母，然后输出到一个磁盘文件"test.txt"保存。输入的字符串以"！"结束。

[单元检测题]

NO.1

文件操作单元检测题1

一、填空题（总分20分，每空2分）

1.在打开文件时，如果文件打开方式采用"a+"，表示的是_____

_____。

2.输出一个数据块到文件中的函数是_____；从文件中输入一个数据块的函数是_____；输出一个字符串到文件中的函数是_____；从文件中输入一个字符串的函数是_____。

3.feof（fp）函数用来判断文件是否结束，如果遇到文件结束，函数值为_____，否则为_____。

4.在C语言中，文件的存取是以_____为单位的，这种文件被称为文本文件。

5.在C程序中，文件可以用_____方式存取，也可以用_____方式存取。

二、选择题（总分30分，每题3分）

1.若执行fopen函数时发生错误，则函数的返回值是（　　）。

A.地址值　　　　　B.NULL　　　　　C.1　　　　　D.EOF

2.若要用fopen函数打开一个新的二进制文件，该文件既要能读也能写，则文件打开方式的字符串应是（　　）。

A."ab+"　　　　　B."wb+"　　　　　C."rb+"　　　　　D."ab"

3.标准输出设备和标准错误输出设备是指显示器，它们对应的指针名分别为（　　）。

A.stdin, stdio　　　　　　　　　B.STDOUT, STDERR

C.stdout, stderr　　　　　　　　D.stderr, stdout

4.指向某文件的指针fp，且已读到文件末尾，则库函数feof（fp）的返回值是（　　）。

A.EOF　　　　　B.-1　　　　　C.非零值　　　　　D.NULL

5.在C语言中，所有的磁盘文件在操作前都必须打开，打开文件函数的调用格式为：fopen（文件名，文件操作方式）;，其中文件名是要打开的文件的全名，它可以是（　　）。

A.字符变量名、字符串常量、字符数组名

B.字符常量、字符串变量、指向字符串的指针变量

C.字符串常量、存放字符串的字符数组名、指向字符串的指针变量

D.字符数组名、文件的主名、字符串变量名

6.在C语言中，打开文件的程序段中正确的是（　　　）。

A.#include "stdio.h"　　　　　　　　B.#include "stdio.h"

　FILE *fp;　　　　　　　　　　　　　FILE fp;

　fp=fopen（"file1.c", "WB"）;　　　　fp=fopen（"file1.c", "W"）;

C.#include "stdio.h"　D.#include <string.h>

　FILE *fp;　　　　　　　　　　　　　FILE *fp;

　fp=fopen（"file1.c", "W"）;　　　　　fp=fopen（"file1.c", "W"）;

7.在C语言中，假设文件型指针fp已经指向可写的磁盘文件，并且正确执行了函数调用fputc（'A', fp），则该次调用后函数返回的值是（　　　）。

A.字符'A'或整数65　　B.符号常量EOF　　　C.整数1　　　　　　　D.整数-1

8.以下函数，一般情况下，功能相同的是（　　　）。

A.fputc和putchar　　B.fwrite和fputc　　　C.fread和fgetc　　　D.putc和fputc

9.若要打开A盘上user子目录下名为abc.txt的文本文件进行读、写操作，下面符合此要求的函数调用是（　　　）。

A.fopen（"A:\user\abc.txt", "r"）　　　B.fopen（"A:\\user\\abc.txt", "r+"）

C.fopen（"A:\user\abc.txt", "rb"）　　　D.fopen（"A:\user\abc.txt", "W"）

10.设文件file1.c已存在，该程序段的功能是（　　　）。

```
#include "stdio.h"
main（）
{  FILE *fp1;
   fp1=fopen（"file1.c", "r"）;
   while（!feof（fp1））
   putchar（getc（fp1））; }
```

A.将文件file1.c的内容输出到屏幕　　　B.将文件file1.c的内容输出到文件

C.将文件file1.c的第一个字符输出到屏幕　D.什么也不干

三、程序填空（总分15分，每空3分）

1.以下程序中用户由键盘输入一个文件名，然后输入一串字符（用#结束输入）存放到此文件中形成文本文件，并将字符的个数写到文件尾部，请填空。

```
#include "stdio.h"
main（）
{  FILE *fp;
   char ch, fname[32];
   int count=0;
   printf（"Input the filename: "）;
   scanf（"%s", fname）;
```

```
if ( ( fp=fopen ( _____ , "w+" ) ) ==NULL )
{   printf ( "Can't open file:  %s\n", fname ) ;
     exit ( 0 ) ;   }
printf ( "Enter data: \n" ) ;
while ( ( ch=getchar ( ) ) !="#" )
    {   fputc ( ch, fP ) ;
         count++;
    }
fprintf ( _____ , "kn%d\n", count ) ;
fclose ( fP ) ;
}
```

2.以下程序的功能是从学生成绩数据文件data.dat中读取每个学生的成绩，统计最高成绩和最低成绩，当遇到成绩为负数时，结束统计并输出最高成绩和最低成绩。

```
#include "stdio.h"
main ( )
{   FILE *fp;
    float i, max, min;
    if ( ( fp=fopen ( "data.dat", "r" ) ) ==NULL )
    {   printf ( "Can't open file!\n" ) ;
        exit ( 0 ) ;
    }
    fscanf ( fp, "%f", &i ) ;
    while ( _____ )
        { if ( _____ )
            max=i;
        if ( i<min )
            min=i;
        }
    printf ( "%f, %f", max, min ) ;

    _____
}
```

四、阅读程序，写程序结果（总分18分，每题6分）

1.已有文本文件test.dat，其内容为hello, everyone! 。

```
#include "stdio.h"void
main ( )
{   FILE *fp;
    char buff[80];
    if ( ( fp=fopen ( "test.dat", "rb+" ) ) ==NULL )
    {   printf ( "Open error!\n" ) ;
```

```
            exit (0);
        }
    fgets (buff, 5, fp);
    printf ("%s\n", buff);
}
```

程序结果：_____。

```
2.#include "stdio.h"
  main ( )
  {  FILE *fp;
     int i, k=0, n=0;
     fp=fopen ("d1.dat", "w");
     for (i=1; i<4; i++)
         fprintf (fp, "%d", i);
     fclose (fp);
     fp=fopen ("d1.dat", "r");
     fscanf (fp, "%d%d", &k, &n);
     printf ("%d %d\n", k, n);
     fclose (fp);
  }
```

程序结果：_____。

```
3.#include "stdlib.h"
  main ( )
  {  FILE *in;
     char *string1 = "IF YOU FAIL TO PLAN";
     char *string2 = "YOU PLAN TO FAIL";
     if ( ( in = fopen ("file1.txt", "w") ) != NULL )
        while (*string2 != '\0')
            fputc (*string2++, in);
     fclose (in);
     if ( ( in=fopen ("file1.txt", "r") ) != NULL )
        while (fgetc (in) != EOF)
            putchar (*string1++);
     fclose (in);
  }
```

程序结果：_____。

五、编写程序（总分17分，第1题7分，第2题10分）

1.试编写一个程序，将一个文本文件"abc.txt"的内容显示出来。

2.有5名学生，每名学生有3门课的成绩，从键盘输入以上数据（包括学生学号、姓名、三门课成绩），计算出平均成绩，将原有数据和计算出的平均分数存放在磁盘文件"Stud.txt"中。

[单元检测题]

文件操作单元检测题2

一、填空题（总分20分，每空2分）

1.C语言中，文件按外部设备可分为_____和_____文件。

2.C语言程序中的文件存取方式可以是_____，也可以是_____。

3.C语言程序中，可以用_____和_____两种代码形式存放数据。

4.C语言中文件按系统对文件的处理方法可分为_____和_____文件。

5.文件操作的3个步骤是：_____、_____和关闭。

二、选择题（总分30分，每题3分）

1.C语言中，能识别处理的文件为（　　　）。

  A.文本文件和数据块文件　　　　　　　B.文本文件和二进制文件

  C.流文件和文本文件　　　　　　　　　D.数据文件和二进制文件

2.已知函数的调用形式：fread（buf，size，count，fp），参数buf的含义是（　　　）。

  A.一个整型变量，代表要读入的数据项总数

  B.一个文件指针，指向要读的文件

  C.一个指针，指向要读入数据的存放地址

  D.一个存储区，存放要读的数据项

3.C语言中，文件组成的基本单位为（　　　）。

  A.记录　　　　　　B.数据行　　　　　　C.数据块　　　　　　D.字符序列

4.当顺利执行了文件关闭操作时，fclose函数的返回值是（　　　）。

  A.−1　　　　　　　B.TRUE　　　　　　C.0　　　　　　　　D.1

5.打开一个已经存在的非空文件"Demo"进行修改，下面正确的选项是（　　　）。

  A.fp=fopen（"Demo"，"r"）；　　　　　B.fp=fopen（"Demo"，"ab+"）；

  C.fp=fopen（"Demo"，"w+"）；　　　　D.fp=fopen（"Demo"，"r+"）；

6.fgetc函数的作用是从指定文件读入一个字符，该文件的打开方式必须是（　　　）。

  A.只写　　　　　　B.追加　　　　　　C.读或读写　　　　D.答案B和C都正确

7.下面程序段定义了函数putint，该函数的功能是（　　　）。

```
putint（int n，FILE *fp）
{   char *s；int num；s=&n；
    for（num=0；num<2；num++）
    putc（s[num]，fp）；
}
```

  A.屏幕输出一整数　　B.屏幕输出一字符　　C.向文件写入一实数　　D.向文件写入一整数

8.如果要将存放在双精度型数组a[10]中的10个双精度型实数写入文件型指针fp1指向的文件中，正确的语句是（　　　）。

A.for（i=0；i<80；i++）fputc（a[i], fp1）；

B.for（i=0；i<10；i++）fputc（&a[i], fp1）；

C.for（i=0；i<10；i++）fwrite（&a[i], 8, 1, fp1）；

D.fwrite（fp1, 8, 10, a）；

9.存储整型数据−7865时，在二进制文件和文本文件中占用的字节数分别是（　　）。

A.2和2　　　　　　B.2和5　　　　　　C.5和5　　　　　　D.5和2

10.以下程序的主要功能是（　　）。

```c
#include "stdio.h"
main（）
{  FILE *fp;
    float x[4]={−12.1, 12.2, −12.3, 12.4};
    int i;
    fp=fopen（"data1.dat", "wb"）
    for（i=0；i<4；i++）
    {  fwrite（&x[i], 4, 1, fp）；
        fclose（fp）；
    }
}
```

A.创建空文档data1.dat

B.创建文本文件data1.dat

C.将数组x中的4个实数写入文件data1.dat中

D.定义数组x

三、程序填空（总分15分，每空3分）

1.以下程序用变量count统计文件中字符的个数。

```c
# include "stdio.h"
main（）
{  FILE  *fp;
    long count=0;
    if（（fp=fopen（"letter.dat", ＿＿＿＿＿＿＿＿）） ==NULL）
    {  printf（"cannot open file\n"）；
        exit（0）；
    }
    while（!feof（fp））
    {  ＿＿＿＿＿＿＿＿＿＿＿＿＿＿＿＿＿＿；
        ＿＿＿＿＿＿＿＿＿＿＿＿＿＿＿＿＿＿；
    }
    printf（"count=%ld\n", count）；
    fclose（fp）；
}
```

2.以下程序中用户由键盘输入一个文件名,然后输入一串字符(用#结束输入)存放到此文件中形成文本文件,并将字符的个数写到文件尾部。

```c
#include "stdio.h"
main ( )
{   FILE *fp;
    char ch, fname[32];
    int count=0;
    printf ("Input the filename : ") ;
    scanf ("%s", fname) ;
    if ( ( fp=fopen ( _____ , "w+") ) ==NULL )
    {   printf ("Can't open file: %s \n", fname) ;
        exit (0) ;
    }
    printf ("Enter data: \n") ;
    while ( ( ch=getchar ( ) ) !="#" )
    {   fputc (ch, fp) ;
        count++;
    }
    fprintf ( _____ , "\n%d\n", count) ;
    fclose (fp) ;
}
```

四、阅读程序,写程序结果(总分18分,每题6分)

```c
1.#include "stdio.h"
main ( )
{   char *s="哇!好信息";
    int i=627;
    FILE *fp;
    fp=fopen ("test.txt", "W") ;
    fputs ("你的托福成绩为 ", fp) ;
    fputc (': ', fp) ;
    fprintf (fp, "%d\n", i) ;
    fprintf (fp, "%s", s) ;
    fclose (fp) ;
}
```

程序结果:_____。

```c
2.#include "stdio.h"
#include "string.h"
void fun (char *fname, char *st)
```

```
{   FILE *myf;
    int i;
    myf=fopen ( fname, "w" ) ;
    for ( i=0; i<strlen ( st ) ; i++ )
    fputc ( st[i], myf ) ;
    fclose ( myf ) ;
}
main ( )
{   fun ( "test.dat", "new world" ) ;
    fun ( "test.dat", "hello" ) ;
}
```

程序执行后，文件text.dat中的内容是：_____。

3.
```
#include "stdio.h"
main ( )
{   char ch, filename[20];
    FILE *fp;
    printf ( "Please input the filename：  " ) ;
    gets ( filename ) ;
    if ( ( fp=fopen ( filename, "w+" ) ) ==NULL )
    {   printf ( "Cannot open this file.\n" ) ;
        exit ( 0 ) ;
    }
    printf ( "Please input the string：\n" ) ;
    while ( ( ch=getchar ( ) ) !='#' )
    {   fputc ( ch, fp ) ;
        putchar ( ch ) ;
    }
    fclose ( fp ) ;
}
```

输入字符为"a*b*c#d*e*f#"，文件中的内容为：_____。

五、编写程序（总分17分，第1题7分，第2题10分）

1.随机产生100个0~300的整数，并将这些整数保存于文件abc.txt中。

2.试编程实现一个能输入50名同学的同学录，存入"classmate.dat"中，并从该文件中读出此同学录并输出。同学录信息包括：姓名、单位、手机、QQ。

第六单元

程序设计实践

知识内容概述

本单元内容是使用C语言程序设计知识的实践应用，主要包括数特性的判定、排序与查找、数的统计等内容。

教学目标

知识要点	了　解	理　解	掌　握	运　用
数特性的判定			√	
排序			√	
查找			√	
数的统计			√	

[模块练习　模块一]

判定数的特性

一、程序填空

1.求100~499的所有水仙花数，即各位数字的立方和恰好等于该数本身的数。

```
#include "stdio.h"
main ( )
{   int I, j, k, m, n;
    for ( I=1; _____; I++ )
    for ( j=0; j<=9; j++ )
      for ( k=0; k<=9; k++ )
        { _____;
          n=I*I*I+j*j*j+k*k*k;
          if ( _____ )
              printf ( "%d", m ) ;
        }
}
```

2.从键盘上输入两个整数m和n，求其最大公约数和最小公倍数。

```
#include "stdio.h"
main ( )
{   int a, b, num1, num2, temp;
    scanf ( "%d, %d", &num1, &num2 ) ;
    if ( _____ )
        { temp=num1;
          num1=num2;
          num2=temp;
        }
    a=num1; b=num2;
    while ( b!=0 )
        { temp=_____;
          a=b;
          b=temp;
        }
    printf ( "%d, %d", a, num1*num2/a ) ;
}
```

3.下列程序判断一个数是否为素数。

```
#include "stdio.h"
main ( )
{   int I, k, m;
```

```
        scanf ("%d", &m);
        for (I=2; I<=_____; I++)
            if (m%I==0) _____;
        if (_____)
            printf ("%d yes\n", m);
        else
            printf ("%d no\n", m);
    }
```

4.下面程序的功能是求1000以内的所有完全数。说明：一个数如果恰好等于它的因子之和（除自身外），则称该数为完全数。例如：6＝1+2+3。

```
#include "stdio.h"
main ( )
{   int a, i, m;
    for (a=1; a<=1000; a++)
        {  for (_____; i<=a/2; i++)
                if (! (a%i)) _____
                    if (m==a) printf ("%d", a);
        }
}
```

二、阅读程序，写程序结果

```
1.#include "stdio.h"
  main ( )
  {   int x, y;
      x=75; y=39;
      while (x!=y)
      {  if (x>y)
            x=x-y;
         if (y>x)
            y=y-x;
      }
      printf ("x=%d\n", x);
  }
```
    程序结果：_____。
```
2.#include "stdio.h"
  main ( )
  {  int r, m, n;
     scanf ("%d%d", &m, &n);
     if (m<n) r=m, m=n, n=r;
     r=m%n;
```

```
    while（r）
        {   m=n；n=r；r=m%n；}
    printf（"%d\n"，n）；
}
```
　程序运行时输入15和12，程序结果：_____。

3.#include "stdio.h"
```
  main（）
  {   int x，i；
      scanf（"%d"，&x）；
      for（i=1；i<x；i++）
          if（x%i==0）printf（"%d"，i）；
  }
```
　程序运行时输入8，程序结果：_____。

三、编写程序

1.试编程找出3~100的全部素数（即质数）。

2.一个数恰好等于它的平方数的右端，这个数称为同构数。例如，5的平方是25，5是25中的右端的数，5就是同构数。找出1~1000的全部同构数。

[模块练习　模块二]

NO.2

数据的统计

一、程序填空

1.下面程序是从键盘输入的字符中统计数字字符的个数，用换行符结束循环。
```
#include "stdio.h"
main（）
{   int n=0；
    char c；
    c=getchar（）；
    while（_____）
    {   if（_____）
            n++；
        c=getchar（）；
    }
    printf（"数字字符个数为：%d"，n）；
}
```

2.在一个数组中，找出其最大值的元素及位置。

```
#include "stdio.h"
main ( )
{   int  a[5], i, max, pos;
    printf ("请输入数据: ");
    for ( i=0; i<5; i++ )
        _____
    max=a[0];
        _____
    for ( i=0; i<5; i++ )
       if ( _____ )
          {  max=a[i];
             _____
          }
    printf ("最大值是%d, 其位置是%d", max, pos );
}
```

3.本程序实现输入10个数存入数组a，然后计算各元素的和并存入ss中。

```
#include "stdio.h"
main ( )
{   int  a[10], i, ss;
    for ( i=0; i<_____; i++ )
    scanf ("%d", _____ );
    ss=_____;
    for ( i=0; i<10; i++ )
        ss=_____+_____;
    printf ("%d", ss );
}
```

4.计算100~999有多少个数其各位数字之和是5。

```
#include "stdio.h"
main ( )
{   int m, s, k, c=0;
    for ( m=100; m<1000; m++ )
    {  s=0;
       k=m;
       while ( _____ )
          {  s=s+k%10;
             _____;
          }
       if ( s!=5 )
          _____;
```

```
        else
            ++c;
    }
    printf ("各位数字之和的数的个数有: %d", c);
}
```

二、阅读程序，写程序结果

1.
```
#include "stdio.h"
main ( )
{   int num[20]={2, -3, 51, -72, 86, 4, 0, -23, 3, -65, -1, 0, 5, 8, 2, -4, -7,
    -9, 4, -8};
    int sum=0, i;
    for ( i=0; i<20; i++ )
        if ( num[i]>0 )
            sum+=num[i];
    printf ( "sum=%d\n", sum );
}
```
程序结果:_____。

2.
```
#include "stdio.h"
main ( )
{   char s[80], c1, c2=' ';
    int i=0, num=0;
    gets ( s );
    while ( s[i]!='\0' )
    {   c1=s[i];
        if ( i==0 )   c2=' ';
        else    c2=s[i-1];
        if ( c1!=' '&&c2==' ' )   num++;
        i++;
        c2=c1;
    }
    printf ( "There are %d words.\n", num );
}
```
程序运行时输入I am a student, 程序结果: _____。

三、编写程序

1.输入10个整数，统计其中的正数个数。

2.下面的程序统计输入一行字符中各个大写字母的个数，以输入回车表示结束。

［模块练习 模块三］

排　序

一、程序填空

1.键盘任意输入3个正整数a，b，c，其中第一个数a一定不是最大的，要求从大到小输出这3个数。

```
#include "stdio.h"
main ( )
{   int a, b, c, d, e, f;
    scanf ( "%d, %d, %d", &a, &b, &c ) ;
    d=_____ ;
    e=max ( a, b ) +max ( a, c ) −d;
    f=_____ ;
    printf ( "由大到小分别是：%d, %d, %d", d, e, f ) ;
}
max ( int x, int y )
{   if ( x>y )
        return x;
    else
        return y;
}
```

2.程序利用选择法排序。

```
#include "stdio.h"
main ( )
{   int  a[10]= { 0, 6, 4, 3, 8, 9, 10, 5, 2, 1};
    int  min , pos , i, j;
    for (  i=0；i<9 i++ ) ;
    {   min= a[i];
        pos =i;
        for ( j=i+1；j<_____；j++ )
            if ( min _____a[j])
            {   min=a[ j ];
                pos=j;
            }
        a[pos]=a[i ];
        a[i]=_____;
    }
    for ( i=0；i<10 ；i++ )
```

```
        printf（"%d", a[i]）;
    }
```

3.程序利用冒泡法从小到大排序。

```
#include "stdio.h"
main（）
{   int  a[10];
    int  t, i, j;
    printf（"请输入10个数：\n"）;
    for（i=0; i<10; i++）
        scanf（"%d", &a[i]）;
    for（i=0; i<9; i++）
        for（j=0; j<_____; j++）
            if（a[j]>a[j+1]）
            {   t=a[j];
                a[j]=a[j+1];
                _____;
            }
    for（i=0; i<10 ; i++）
        printf（"%d", a[i]）;
}
```

二、阅读程序，写程序结果

1.

```
#include "stdio.h"
main（）
{   char a[]="morning", t;
    int i, j=0;
    for（i=1; i<7; i++）
        if（a[j]<a[i]）  j=i;
    t=a[j]; a[j]=a[7]; a[7]=t;
    puts（a）;
}
```

程序结果：_____。

2.

```
#include "stdio.h"
main（）
{   int i=1, n=3, j, k=3, a[5]={1, 4, 5};
    while（i<=n&&k>a[i]）  i++;
    for（j=n-1; j>=i; j--）
        a[j+1]=a[j];
    a[i]=k;
    for（i=0; i<=n; i++）
        printf（"%d", a[i]）;
}
```

程序结果：_____。

3.#include "stdio.h"

```
main ( )
{   int i, j, k;
        int a[8]={6, 2, 11, 4, 5, 9, 7, 8};
    i=0；j=7
    while（i<j）
    {   k=a[i];
        a[i]=a[j];
        a[j]=k;
        i++, j--;
    }
    for（i=0；i<8：i++）
        printf（"%d", a[i]）;
}
```

程序结果：_____。

三、编写程序

1.输入30个实数到数组k中，按由大到小的顺序输出。

2.一个按升序排列的整型数组a，数组长度为20，当前有效元素13个，现输入一个整数x，把x添加到数组中，使数组中的数据仍保持原来的顺序。

[模块练习　模块四]

NO.4

查　找

一、程序填空

1.下面程序的功能是将字符串中所有的字符c删除。

```
#include "stdio.h"
main ( )
{   char s[80];
    int i, j;
    gets（s）;
    for（i=j=0；_____；i++）
        if（_____）　s[j++]=s[i];
    s[j]=0;
    puts（a）;
}
```

2.以下程序用"顺序查找法"查找数组a中是否存在某一关键字。

```c
#include "stdio.h"
main ( )
{   int a[8]={25, 57, 48, 37, 12, 92, 86, 33};
    int i, x;
    scanf ( "%d", &x ) ;
    for ( i=0; i<8; i++ )
        if ( x==a[i] )
            {   printf ( "Found! The index is: %d\n", i ) ;
                _____ ;
            }
    if ( _____ )
        printf ( "Can't found!" ) ;
}
```

3.以下程序的功能是在一个字符数组中查找一个指定的字符，若数组中含有该字符则输出该字符在数组中第一次出现的位置（下标值）；否则输出-1。

```c
#include "string.h"
main ( )
{   char c='a', t[50];
    int n, k, j;
    gets ( t ) ;
    n=_____ ;
    for ( k=0, j=-1; k<n; k++ )
        if ( _____ )
            {   j=k;
                break;
            }
    printf ( "%d", j ) ;
}
```

二、阅读程序，写程序结果

```c
1.#include "stdio.h"
 main ( )
 {   char s[20];
     int i, j;
     gets ( s ) ;
     for  ( i=j=0; s[i]!='\0'; i++ )
         if  ( s[i]!='c' )
             s[j++]=s[i];
         s[j]='\0';
```

```
        puts ( s ) ;
    }
    若输入bcdceeccffg，程序结果：_____。
2.#include "stdio.h"
    main ( )
    {   char x[]="programming";
        char y[]="Fortran";
        int i=0;
        while ( x[i]!='\0'&&y[i]!='\0' )
            if ( x[i]= =y[i] )
                printf ( "%c", x[i++] ) ;
            else
                i++;
    }
    程序结果：_____。
```

三、编写程序

1.输入10个数存放在一个数组gt中，输入一个数x，然后找出x在数组中的位置，如果没有则输出0。

2.编写程序输入5个整数，找出最大数和最小数所在的位置，并把二者对调，然后输出调整后的5个数。

[单元综合练习]   NO.1

程序设计实践综合练习1

一、填空题（总分10分，每空2分）

1.在程序设计时常用_____来直观的表示算法。

2.当表达式中的运算符优先级相同时，根据_____来确定预算的先后次序。

3.有定义int x=0; ，接着执行赋值语句x= (3+5, x*8) ; 后，变量x中的值是_____。

4.若int a=7, b=8, c=9; ，则表达句! a||b-c&&a!=b的值为_____。

5.根据_____判断字符的大小关系。

二、选择题（总分30分，每题3分）

1.在C语言中，下列数组初始化正确的是（   ）。

   A .int a[];   B.int a[]={123};   C.int a[]='123';   D.int a[]="123";

2.在C语言的函数调用中，实际参数是指（   ）。

   A.调函数中的参数   B.被调函数中的参数

C.主函数中的参数　　　　　　　　　D.系统函数中的参数

3.关于C语言的switch语句，说法正确的是（　　）。

　A.switch语句后可以不跟表达式

　B.switch语句中每一个case后表达式的值必须互不相同

　C.switch语句中必须有一个break语句

　D.switch语句中必须有一个default标号

4.在C语言中，一个长整型数所占用的字节数是（　　）。

　A.1　　　　　　　B.2　　　　　　　C.4　　　　　　　D.8

5.关于C语言函数的说法正确的是（　　）。

　A.定义函数时省略函数类型的函数，没有返回值

　B.函数返回值的类型决定于return语句

　C.一个函数可以有多个return语句

　D.一个函数可以返回多个值

6.以下for（x=0，y=0；（y=123）&&（x<3）；x++）；循环的次数是（　　）。

　A.无限循环　　　　B.循环次数不定　　C.4次　　　　　　D.3次

7.能表示x在[1，10]和[20，30]范围内为真，否则为假的是（　　）。

　A.（X>=1）&&（X<=10）&&（X>=20）&&（X<=30）

　B.（X>=1）||（X<=10）||（X>=20）||（X<=30）

　C.（X>=1）&&（X<=10）||（X>=20）&&（X<=30）

　D.（X>=1）||（X<=10）&&（X>=20）||（X<=30）

8.若有定义char d[10]；，则以下语句正确的是（　　）。

　A.gets（d[10]）；　B.gets（d）；　　C.puts（d[10]）；　D.puts（"%s"，d）；

9.在C语言中，一个短整型所占用的字节数是（　　）。

　A.1　　　　　　　B.2　　　　　　　C.4　　　　　　　D.8

10.下列关于C语言函数的叙述中，错误的是（　　）。

　A.函数可以有参数也可以没有参数　　B.函数可以有返回值也可以没有返回值

　C.函数定义可以嵌套　　　　　　　　D.函数的调用可以嵌套

三、程序填空（总分21分，每空3分）

1.输入一个华氏温度F，要求输出摄氏温度C（转换公式为：$C=\dfrac{5}{9}(F-32)$）。

```
#include "stdio.h"
main（）
{ _____；
    scanf（"%f"，&f）；
    _____；
    printf（"f=%f，c=%f\n"，f，c）；
}
```

2.编写一个函数fun，用于判断一个整数能否同时被3和4整除，如能则在主函数中输出"yes！"，否则输出"no！"。

```
#include "stdio.h"
```

```
fun ( int y )
    {   int p=0;
        if (_____)   p=1;
        return （p）;
    }
main ( )
{   int x;
    scanf ( "%d", &x ) ;
    if (_____)
        printf ( "yes!" ) ;
    else
        printf ( "no!" ) ;
}
```

3.将给定的字符串中的数字依次取出，构成一个整数。例如，字符串"65ab2c1"处理后得到一个4位数6521。

```
#include "stdio.h"
main ( )
{   char ch[]="65ab2c1";
    int i, j, s;
    i=s=0;
    do
    {   if (_____)
        {   j=_____;
            s=s*10+j;
        }
    i++;
    }while (_____) ;
    printf ( "%d\n", s ) ;
}
```

四、阅读程序，写程序结果（总分24分，每题6分）

```
1.#include "stdio.h"
 main ( )
{   int k[30]={12, 324, 45, 6, 768, 98, 21, 34, 453, 456};
    int count=0, i=0;
    while ( k[i] )
        {   if ( k[i]%2= =0||k[i]%5= =0 )
            count++;
            i++;
        }
```

```
        printf ("%d, %d\n", count, i);
   }
```

　程序结果：_____。

2.#include "stdio.h"
```
  main ( )
  {   int   a[8]={ 7, 12, 11, 24, 5, 18, 54, 27};
      int   i, j, k;
      for ( j=k=i=0; i<7; i++ )
         {   if ( a[i]<a[i+1] )
             {      j++; continue; }
                 k++;
             }
      printf ("j=%d, k=%d \n", j, k);
   }
```

　程序结果：_____。

3.#include "stdio.h"
```
  main ( )
  {   long   x, m=1;
      scanf ("%ld", &x);
      do
         {   m=m* ( x%10 );
             x=x/10;
         }while ( x );
      printf ("m = %ld", m);
   }
```

　当执行程序输入"546"时，程序结果：_____。

4.#include "stdio.h"
```
  main ( )
  {   int i, j, k;
      int a[8]={6, 2, 11, 4, 5, 9, 7, 8};
      i=0; j=7;
      while ( i<j )
        {   k=a[i];
            a[i]=a[j];
            a[j]=k;
            i++, j--;
        }
      for ( i=0; i<8; i++ )
  printf ("%d", a[i]);
   }
```

　程序结果：_____。

五、编写程序（总分15分，第1题7分，第2题8分）

1.编写程序，输入一个十进制整数（int型），将其转换为二进制输出。

2.求表达式$s=\dfrac{1}{1^2}+\dfrac{1}{2^2}+\dfrac{1}{3^2}+\cdots+\dfrac{1}{n^2}$的值，直到被加项小于$10^{-6}$为止。

[单元综合练习]

程序设计实践综合练习2

一、填空题（总分10分，每空2分）

1.设x，y，z均为int型变量，请写出描述"x或y中有一个小于z"的表达式_____。

2.若a=6，b=4，c=2，则表达式!（a-b）+c-1&&b+c/2的值是_____。

3.若有定义：int b=7；float a=2.5，c=4.7；，则下面表达式a+（int）（b/3*（int）（a+c）/2）%4的值为_____。

4.若x，i，j和k都是int型变量，则计算下面x=（i=4，j=16，k=32）表达式后x的值为_____。

5.函数调用语句：tt（（x2，x3），x4x（x5，x6，x7），x8）；含有_____个数。

二、选择题（总分30分，每题3分）

1.在C语言中，合法的字符常量是（　　）。

A.C   B.'\\\\'   C.'C程序'   D."C程序"

2.在C言语中，下列对字符数组初始化不正确的语句是（　　）。

A.char s[]="abcde";   B.char s[3]= "abcde";

C.char s[]={"abcde"};   D.char[]={'a', 'b', 'c', 'd', 'e', '\0'};

3.在C语言中，一个被调函数中没有return语句，则关于该函数正确的说法是（　　）。

A.没有返回值   B.返回若干个系统默认值

C.返回一个确定的函数值   D.返回一个不确定的值

4.在C语言的下列语句中不正确的是（　　）。

A.if（x>0）；

B.if（x<0）x+=2；

C.if（x>y）printf（"%d", x）；else printf（"%d", y）；

D.if（x<y）x++；y++；else x=0；

5.在C语言中，执行int x=3，y=5；后，表达式 x=（y==5）的值是（　　）。

A.5   B.3   C.1   D.0

6.循环语句for（a=0，b=0；（b!=4）||（a<5）；a++）；中循环体的循环次数是（　　）。

A.3   B.4   C.5   D.无数次

7.在C语言中，下列叙述不正确的是（　　　）。

　　A.当函数类型不为int型时，其类型标识符可以省略

　　B.空函数的函数类型、形式参数、函数体均被省略

　　C.同一函数的所有形式参数的类型必须相同

　　D.在同一程序中，函数名不能相同

8.关于C语言的3种循环方式，下列说法正确的是（　　）。

　　A.do while循环和for循环的循环体至少执行一次

　　B.循环体中只要有break语句，就不会形成死循环

　　C.for循环的控制变量只能递增或递减

　　D.3种循环方式可以互相转换

9.表示"整数X是5的倍数且不是3的倍数"的C语言表达式是（　　）。

　　A.（X%5=0）&&（X%3<>0）　　　　　　B.（X%%=0）&&（X%3!=0）

　　C.（X%5= =0）&&（X%3!=0）　　　　　D.（X%5= =0）‖（X%3!=0）

10.已知int　x=5，y=10；，语句printf（"%d"，（x+2，y++））的输出结果为（　　　）。

　　A.7，10　　　　　　B.7，11　　　　　　C.7　　　　　　　　D.10

三、程序填空（总分21分，每空3分）

1.按字母的排列顺序输入两个大写字母，计算包括这两个字母在内其间共有多少个字母。例如，输入A和D，则结果为4。

```
#include "stdio.h"
main（）
{  char ch1，ch2;
    printf（"请输入两个大写字母，中间用逗号分隔"）；
    scanf（_____）；
    printf（"这两个字母中间的字母数是%d，_____"）；
}
```

2.下面的程序统计输出一行字符中各个大写字母的个数。

```
#include "stdio.h"
main（）
{  int nc[26]，i;
    char ch[100];
    gets（ch）；
    for（i=0；i<26；i++）

        _____
    for（i=0；_____；i++）
        if（ch[i]>='A'&&ch[i]<='Z'）

            _____
    for（i=0；i<26；i++）
        if（nc[i]）
            printf（"字母%c有%d个"，i+65，nc[i]）；

}
```

3.下面程序的功能是：输出100以内能被3整除且个位数为6的所有整数。

```c
#include "stdio.h"
main ( )
{   int i, j;
    for ( i=0; i<10; i++ )
    {   _____
        if ( _____ ) continue;
        printf ( "%d", j ) ;
    }
}
```

四、阅读程序，写程序结果（总分24分，每题6分）

1.
```c
#include "stdio.h"
main ( )
{   int a[]={1, -2, 3, -4, 5}, i;
    for ( i=0; i<5; i++ )
        if ( a[i]>0 )
            a[i]=a[i]*2;
        else
            a[i]=-a[i];
    for ( i=4; i>=0; i-- )
        printf ( "%d", a[i] ) ;
}
```
程序结果：_____。

2.
```c
#include "stdio.h"
main ( )
{   int a, b, i;
    a=11; b=a+10;
    for ( i=a; i>1; i-- )
        if ( a%i==b%9 )
            printf ( "%d\n", i ) ;
}
```
程序结果：_____。

3.
```c
#include "stdio.h"
mian ( )
{   int i, j, k;
    int a[8]={6, 2, 11, 4, 5, 9, 7, 8};
    i=0, j=7;
    while ( i<j )
        {   k=a[i];
```

```
            a[i]=a[j];
            a[j]=k;
            i++, j--;
        }
    for ( i=1; i<8; i++ )
    printf ( "%d", a[i] );
  }
```
程序结果：＿＿＿＿＿＿＿＿＿＿＿＿＿＿＿＿＿＿＿。

```
4.#include "stdio.h"
  mian ( )
  { int i=5, j, k=1;
      do
      { printf ( "%d\n", i );
          i+=6;
          for ( j=3; j<i; j+=2 )
              if ( i%j==0 )
                  k=0;
      }while ( k );
  }
```
程序结果：＿＿＿＿＿＿＿＿＿＿＿＿＿＿＿＿＿。

五、编写程序（总分15分，第1题7分，第2题8分）

1.求S=1+22+333+…+nn…n的值，其中n是1～9的一位整数，其值由键盘输入。

2.用C语言编写程序，输入一个包含14个字母的字符串，请按字母的ACSII码由大到小的顺序重新排列字符串的字母，并输出排列好的字符串。例如：输入"WishYouSuccecc"，则输出"SWYccehiosssuu"。

[单元检测题]

NO.1

程序设计实践单元检测题1

一、填空题（总分10分，每空2分）

1.定义数组ts，其能存储10个整型数的语句为＿＿＿＿＿＿＿＿＿＿＿＿＿＿＿＿。

2.有说明语句 int a[10]={1, 2, 3, 4, 5, 6}; ，则元素a[9]的值为＿＿＿＿＿＿＿＿。

3.数组char c[]="abcd"中有＿＿＿＿＿＿＿＿个元素。

4.字符变量lt存放有小写字母，把它转换成大写的表达式是＿＿＿＿＿＿＿＿＿＿＿＿。

5.从整型变量x分离出个位数字的表达式是＿＿＿＿＿＿＿＿＿＿＿＿＿＿。

二、选择题（总分30分，每题3分）

1.不能够用于判定整数x是偶数的条件表达式是（　　　）。

A.x%2==0　　　　　B.x%2! =1　　　　　C.x%2　　　　　D.!（x%2）

2.在C语言中，下列关于标识符的叙述中正确的是（　　　）。

A.标识符的第一个字符必须是字母　　　　B.AB和ab是同一个标识符

C.保留字不能作用户标识符　　　　D.标识符的长度不能超过8

3.在C语言中，下列数组定义错误的是（　　　）。

A.int a[3];　　　　　　　　　　B.int a[3]={1，2};

C.int a[3]={1，2，3，4，5};　　　　D.int a[]={1，2，3，4，5};

4.在C语言中，用void说明的函数是（　　　）。

A.类型为整形　　B.类型不固定　　C.返回值为0　　D.无返回值

5.数学表达式$\dfrac{a^2-1}{ad}$的C语言标示为（　　　）。

A.a*a-1/ab　　　B.a*a-1/a*b　　　C.（a*a-1）/a*b　　D.（a*a-1）/（a*b）

6.在C语言的开头语句switch 中，只能出现一次的短语或语句是（　　　）。

A.case　　　　　B.break　　　　　C.default　　　　　D.printf

7.在C语言中，与循环语句for（i=1；i<5；i++）；执行的过程完全相同的是（　　　）。

A.do{i=1；i++}whlie（i<5）　　　　B.i=1；do{i++；}while（i<5）

C.whlie（i<5）{i=1；i++};　　　　D.i=1：while（i<5）{i++；}

8.C语言规定调用函数中的实参与被调用函数中的形参必须保持一致的是（　　　）。

A.个数、名称、类型　　　　　　B.个数、顺序、类型

C.个数、顺序、名称　　　　　　D.名称、顺序、类型

9.设x，y，z和k都是int型变量，则执行表达式：x=（y=4，z=16，k=32）后，x的值为（　　　）。

A.4　　　　　B.16　　　　　C.32　　　　　D.52

10. 设a和b均为double型变量，且a=5.5，b=2.5，则表达式：（int）a+b/b的值是（　　　）。

A.6.500000　　　B.6　　　　C.5.500000　　　D.6.000000

三、程序填空（总分21分，每空3分）

1.下列程序的功能是将小写字母变成对应的大写字母后的第二个字母。其中y变成A，z变成B。

```
#include "stdio.h"
main（ ）
{  char c;
   while（（c=getchar（ ））!='\n'）
      {  if（c>='a'&&c<='z'）
         {  _____;
            if（c>='Z'&&c<='Z'+2）
               _____;
         }
```

```
          printf ("%c", c) ;
      }
}
```

2.以下程序的功能是调用函数fun计算1-2+3-4+…-n的值，并输出结果。

```
#include "stdio.h"
int fun (int n)
{ int s=0, e, i;
    _____;
    for ( i=1; i<=n; i++ )
      { s+=i*e;
          _____;
      }
    return s;
}
main ( )
{ int n;
    scanf{"%d", &n};
    printf ("result is %d\n", _____ );
}
```

3.下面的程序输出3～100的所有素数。

```
#include "stdio.h"
main ( )
{ int i, j;
    for ( i=3; i<=100; i++ )
      { for ( j=2; j<=i-1; j++ )
            if ( _____ ) break;
        if ( _____ )
            printf ("%d", i) ;
      }
}
```

四、阅读程序，写程序结果（总分24分，每题6分）

```
1.#include "stdio.h"
  main ( )
  { char a[]="computer";
    char t;
    int i, j=0;
    for ( i=0; i<8; i++ )
    for ( j=i+1; j<8; j++ )
      if ( a[i]<[j] )
        { t=a[i]; a[i]=a[j]=t; }
```

```
        printf ( "%s", a ) ;
    }
```
程序结果: _____。

2.#include "stdio.h"
```
  mian ( )
  {   int k[30]={12, 324, 45, 6, 768, 98, 21, 34, 453, 456};
      int count=0, i=0;
      while ( k[i] )
          {   if ( k[i]%2= =0||k[i]%5= =0)
                    count++;
              i++;
          }
      printf ( "%d, %d\n", count, i ) ;
  }
```
程序结果: _____。

3.#include "stdio.h"
```
  #define  SIZE 10
  main ( )
  {   int  a[SIZE]= { 1, 3, 5, 7, 9, -2, -4, -6, -8, 0};
      int m=0, n=0, i;
      for ( i=0; i<SIZE; i++ )
          {   if  ( a[i]>0)
                    m++;
              else
                    n++;
          }
      printf ( "m=%d, n=%d\n", m, n ) ;
  }
```
程序结果: _____。

4.#include "stdio.h"
```
  main ( )
  {   int i, f[10];
      f[0]=f[1]=1;
      for ( i=2; i<10; i++ )
          f[i]=f[i-2]+f[i-1];
      for ( i=0; i<10; i++ )
          {   if ( i%4==0 )
                    printf ( "\n" ) ;
              printf ( "%d", f[i] ) ;
```

```
    }
  }
  程序结果：_____。
```

五、编写程序（总分15分，第1题7分，第2题8分）

1.输出100～999的所有质数。

2.已知整型数组a长度为20，其中保存了15个数，并且这些数在数组中是有序存放的，现插入一个数b，保存于数组a中，要求插入的数不改变数组a中原来的顺序。例如，数组a中保存数为1，3，5，24，26，插入一个数9后，数组为1，3，5，9，24，26。

[单元检测题]

NO.2

程序设计实践单元检测题2

一、填空题（总分10分，每空2分）

1.存放字符串"\n\179\t\\023"所需空间为_____字节。

2.有定义int x=0；，接着执行赋值语句x=（x=3+5，x*8）；后，变量x中的值是_____。

3.在C语言中，有语句scanf（"%d, %d", &a, &b）；，如果使变量a，b的值分别为9和10，其键盘输入格式为_____。

4.与scanf（"%c", &ch）；等价的语句是_____。

5.数组char c[]="abcd"中有_____个元素。

二、选择题（总分30分，每题3分）

1.下列表达式正确的是（　　　）。

A.200　　　　　　　　B.x+y=10　　　　　　　C.++（m+5）　　　　　D.45%6.0

2.表达式y=（x=6，y=12，y%5，7）的值是（　　　）。

A.12　　　　　　　　B.6　　　　　　　　　　C.2　　　　　　　　　　D.7

3.下面合法的标识符是（　　　）。

A._100　　　　　　　B.int　　　　　　　　　C.6pin　　　　　　　　D.xrc-1

4.在C语言中，下列对数组操作正确的是（　　　）。

A.int 2a[8]；　　　　　　　　　　　　　　　B.char b3[6]="123"；

C.float c[]；　　　　　　　　　　　　　　　D.int d（4）={1，2，3}；

5.函数调用时，下列说法中不正确的是（　　　）。

A.实际参数和形式参数可以同名

B.若用地址传递方式，则形式参数为数组元素

C.形式参数与实际参数要类型一致，个数相同

D.函数间传递数据可以使用全局变量

6.在C语言中，一个被调函数中没有return语句，则关于该函数正确的说法是（　　）。

    A.没有返回值   B.返回若干个系统默认值

    C.返回一个确定的函数值   D.返回一个不确定的值

7.在C语言中，执行int x=3，y=5；后，表达式 x=（y==5）的值是（　　）。

    A.5   B.3   C.1   D.0

8.在C语言中，下列叙述正确的是（　　）。

    A.当函数类型是int型时，其类型标识符可以省略

    B.空函数的函数类型、形式参数、函数体均被省略

    C.同一函数的所有形式参数的类型必须相同

    D.在同一程序中，函数名可以相同

9.在定义int a[10]；之后，对a的引用正确的是（　　）。

    A.a[10]   B.a[6.3]   C.a（6）   D.a[10-10]

10.在C语言的函数调用中，实际参数是指（　　）。

    A.主调函数中的参数   B.被调函数中的参数

    C.主函数中的参数   D.系统函数中的参数

三、程序填空（总分21分，每空3分）

1.以下程序的功能是调用函数fun计算 $\frac{1}{1!}+\frac{1}{2!}+\frac{1}{3!}+\cdots+\frac{1}{n!}$ 的值，并输出结果。

```
#include "stdio.h"
float  fun（int  n）
{   int  i；float s=0，e；
    _____
    for（i=1；i<=n；i++）
    {  _____；
       s+=e；
    }
    return s；
}
main（）
{   int  n；
    float  t；
    scanf（"%d"，&n）；
    _____；
    printf（"result is %f\n"，t）；
}
```

2.以下程序实现依次输入一个三位数的百、十、个位数字，然后输出这个三位数。

```
#include "stdio.h"
main（）
{   char dc；
    int l，x=0，d，e；
```

```
        e=100;
        for ( i=0; i<3; i++ )
        {   dc=getchar ( ) ;

            _____

            x=x+d*e;

            _____

        }
        printf ( "x=%d", x ) ;
    }
```

3.S=1+3+6+10+15+…，计算其前10项之和。

```
#include "stdio.h"
main ( )
{   int i, m, n;
    n=0, m=0;
    for ( i=1; i<=10; i++ )
        {   m=_____;
            n=_____;
        }
    printf ( "s=%d", n ) ;
}
```

四、阅读程序，写程序结果（总分24分，每题6分）

```
1.#include "stdio.h"
main ( )
{   char str[101];
    int i=0, n1=0, n2=0, n3=0;
    gets ( str ) ;
    while ( str[i]!='\0' )
    {   if ( ( str[i]>='0' ) && ( str[i]<='9' ) )    n1++;
        elseif ( ( (str[i]>='A') && (str[i]<='Z') ) || ( (str[i]>='a') && (str[i]<='z') ) ) n2++;
        else n3++;
        i++;
    }
    printf ( "n1=%d   n2=%d   n3=%d\r\n", n1, n2, n3 ) ;
}
```

程序运行时输入adAS123gh3%6$*5，程序结果：_____。

```
2.#include "stdio.h"
main ( )
{   int p[7]={11, 13, 14, 15, 16, 17, 18};
    int i=0, j=0;
    while ( i<7 && p[i]%2==1 )
```

```
        j+=p[i++];
     printf ("%d\n", j);
}
```

程序结果: _____。

3.#include "stdio.h"

#define N 7

main ( )

```
{  int i, j, temp, a[N]={1, 2, 3, 4, 5, 6, 7};
   for ( i = 0; i<N/2; i ++ )
   {  j =N-1-i;  temp = a[i];
      a[i]=a[j]; a[j]=temp;
   }
   for ( i = 0; i<N; i + + )
      printf ( "%d", a[i] );
}
```

程序结果: _____。

4.#include "stdio.h"

main ( )

```
{  int a[6], i, j, k, m;
   for ( i=0 ; i<6 ; i++ )
      scanf ( "%d", &a[i] );
   for ( i=5; i>=0; i-- )
   {  k=a[5];
      for ( j=4; j>=0; j-- )
         a[j+1]=a[j];
      a[0]=k;
      for ( m=0; m<6; m++ )
         printf ( "%d", a[m] );
      printf ( "\n" );
   }
}
```

从键盘上输入７４８９１５↙，程序结果: _____。

五、编写程序（总分15分，第1题7分，第2题8分）

1.输入一行字符，以回车结束。统计其中0~9数字字符各有多少个。

2.编写程序，求出100~1000的所有数字之和为奇数的完全平方数（完全平方数的定义为：121=11*11，则121是个完全平方数）。